Dear,
MASA請你來喝湯！

一起來品嘗
清甜的蔬菜湯、海鮮湯、味噌湯
與醇厚鮮美的肉湯
與濃湯吧！

Dear, would you like some soup?

把自己對料理的堅持與熱情努力傳達

　　這次出版兩本書《Dear, MASA,我們一起吃麵吧！——千變萬化的各式炒麵、義大利麵、烏龍麵、素麵與拉麵都很好吃喔！》與《Dear, MASA請你來喝湯！——一起來品嘗清甜的蔬菜湯、海鮮湯、味噌湯與醇厚鮮美的肉湯與濃湯吧！》共有100道食譜同時出版。兩本食譜的內容都很實用，您可以選擇其中有興趣的一本或兩本都買也很好。

　　湯的食譜部分，介紹了各種高湯的做法。當然也包括了味噌湯的做法，不只加入豆腐與海帶芽，也介紹了各種材料不同的變化。此外，也提供了不太想吃肉而想多吃蔬菜的朋友更多選擇，書中我也設計了許多喝起來很有滿足感的蔬菜湯。當然，冬天寒冷時，讓人喝了會感到溫暖的，各式豐盛的濃湯與巧達湯的做法。

　　不管做什麼，大家都說，「品質」比「數量」更重要！不是大量做出東西就好，而是要用心設計出好作品。但我認為品質與數量都很重要，缺一不可。專心、用心設計出好的作品，並持續堅持對料理的熱情。

　　我一直在研究要怎樣做才能讓全世界的朋友都能享受美好的料理，並將這樣的想法與熱情持之以恆。所以我會保持同樣的風格，把自己對料理的堅持與熱情努力傳達給各位讀者。

　　這次拍照的方式和上一本書《Hello，想和MASA一起吃飯嗎？——100道炒飯、丼飯、拌飯、炊飯、燴飯、燉飯、焗烤飯、雜炊、粥與飯糰任你選！》同樣用俯瞰的角度，用簡單的背景，將照片焦點集中料理本身。

　　非常感謝每次讓我很安心準備出書，引導我的日日幸福出版社的Mavis、秀珊、Linda、Steven、Sophia與瑤婷。

　　也很感謝準備新書時一直幫助我的Lydia，還有煮菜現場給我許多建議的Steven與Francis。

　　最後，要特別感謝在台灣，還有來自全世界許多讀者的熱情支持！雖然現在才經過10年，也許再過10年，20年，或更久，我希望可以一直幫助大家。

まえがき

　今回は麺料理とスープ系のレシピ2部，合計100品構成の同時出版となりました。両方とても良い仕上がりになっているのでどちらか興味のある方，あるいは両方拝見していただければ幸いです。

　スープ編はそれぞれ違ったストックの作り方を紹介。もちろん味噌汁、豆腐とわかめだけでなく具材に変化をつけてそれぞれ違った風味を楽しむ方法を紹介。お肉を召し上がらない、もしくは、軽めのヘルシーなスープが欲しい方向けのベジタリアンスープの紹介。逆にがっつりと満足感のあるスープが飲みたい方向けの具沢山スープの紹介。そのほかにも寒い時に温まる各種ポタージュやチャウダースープの作り方も紹介しています。

　モノづくりの世の中でよく言われるのは、「量より質」。いたずらに大量に作るのではなく、ひとつひとつの質を大事にする。自分の中では質と量、両方が大事な要素になっていると思います。それぞれのレシピの質を高める意識をもちろんしつつ、レシピ作りという物事に没頭する"情熱の量"もとても大事にしています。

　料理をいかにして楽しんでもらうかを、そしてどのようにして世に広げるということを常に試行錯誤する、物として見えない，うちに秘めた、情熱量があるからここまでやっていけてると信じています。今後もスタイルを変えず、皆さまの役に立てるよう努力し続けたいと思っています。

　今回の撮影も前作の米料理に引き続き、俯瞰に近いアングルで、背景はシンプルに、素材そのものに焦点が当たるよう撮影しました。

　こうして毎度安心して出版へ導いてくれる日日幸福出版社のMavisをはじめ、秀珊、Linda、Steven、Sophia、瑤婷の皆様の努力に感謝します。

　出版準備中にあたり色々サポートをしてくれたLydia、そして料理に対して率直な意見を述べてくれたSteven と Francisにこの場を借りて感謝いたします。

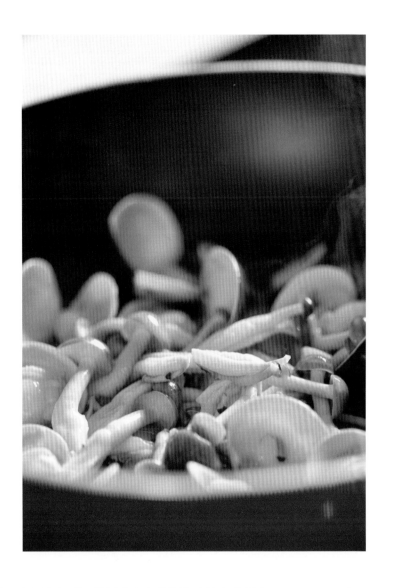

　そして最後に、台湾にとどまらず、世界中から熱烈な支持をくださる、ファンの方々にお礼を申し上げます！これからまだまだ10年，これからさらに10年、20年、あるいはもっと将来も、皆様のお役に立てれば光栄です。

目 錄
Contents

基本湯底
介紹

PART 1
だし＆ストック

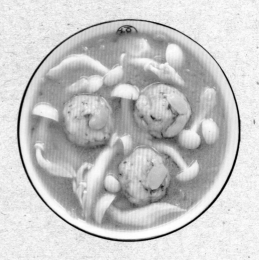

簡單易上手的
味噌湯

PART 2
みそしる

醇厚濃郁，
暖心又暖胃的

濃湯

PART **5**

ポタージュ＆チャウダー

如何使用本書
How to use this book?

1 不同類的湯料理，本書共分為五大類。

2 每道料理的美味名稱，讓人看了就想躍躍一試。

3 每道料理賞心悅目的完成圖。

4 作者對此道料理的美味註解，有的是心情筆記，有些是說明設計此道料理的緣由。

5 材料一覽表，正確的份量是製作料理成功的基礎。

6 每道料理材料表中所做出來的份量。

7 每道料理的英文名稱。

[各式湯品]
各式湯品
具たっぷりスープ

| Niku Jyaga Soup |

馬鈴薯燉肉湯

很多人都認識這道料理，其實它也可以做成湯品。這次特別用燜燒鍋來做，利用燜燒鍋的好處是不用一直顧著火，也可以省下瓦斯費。將處理好的食材加熱一下後，放入燜燒鍋的保溫容器裡，就可以享受很入味的美味料理！

材料 Ingredients

豬肉片 Sliced pork 300g	蒟蒻片 Konjac 100g	味醂 Mirin 3大匙
紅蘿蔔 Carro 50g	砂糖 Sugar 1小匙	砂糖 Sugar 1.5大匙
馬鈴薯 Potato 2個	清酒 Sake 1大匙	醬油 Soy sauce 2大匙
洋蔥 Onion 1/2個	日式高湯 Dashi 600cc	
豌豆 Snap peas 4片	清酒 Sake 4大匙	

⏱ 份量 **1** 人份　　⏱ 烹調時間 **15** 分鐘　　⊕ 難易度 ★

88　*Dear, MASA* 請你來喝湯！

8 每道料理的烹調時間，基本上不包括醃製時間。

9 製作每道料理的難易度，★愈多，表示製作此道料理的難度愈高。

1

豬肉片切成容易吃的大小；紅蘿蔔、馬鈴薯切成小塊；洋蔥切成薄片；豌豆汆燙好。

2

蒟蒻片用湯匙挖成小塊。

❋ 這樣表面會凹凸不平，比較容易入味！

3

把蒟蒻片汆燙、沖洗，去掉腥味。

4

豬肉片裡放入砂糖、1大匙清酒混合好，醃約15分鐘。

❋ 加入清酒可以去掉腥味，而加入糖口感會比較軟。

5

這次使用燜燒鍋。內鍋裡倒入一點油，開中火，放入紅蘿蔔、洋蔥、蒟蒻，炒到洋蔥變透明。

6

放入馬鈴薯拌一拌。

7

放入豬肉片，繼續炒到變色。

8

倒入日式高湯。

9

加入4大匙清酒、味醂、砂糖與醬油調味。

10

煮滾後，轉小火，繼續煮約8分鐘後，熄火，鍋蓋蓋起來。

❋ 如果用一般的鍋子的話，繼續煮到紅蘿蔔熟。

11

放在燜燒鍋的保溫容器裡。

12

鍋蓋蓋起來，繼續燜約30分鐘後，盛碗，放入汆燙好的豌豆即可。

❋ 用燜燒鍋的話，不用一直開火，只要燜到喜歡的熟度，就可以食用。

製作分解圖，可讓您對照在操作過程中是否正確。

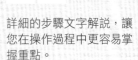

詳細的步驟文字解說，讓您在操作過程中更容易掌握重點。

操作過程中的關鍵秘訣，有作者最貼心的小叮嚀。

Dear, would you like some soup?

基本湯底
介紹

PART 1

だし＆ストック

基本湯底
だし＆ストック

日式高湯（柴魚片＆昆布）

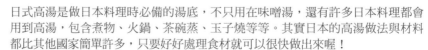

日式高湯是做日本料理時必備的湯底，不只用在味噌湯，還有許多日本料理都會用到高湯，包含煮物、火鍋、茶碗蒸、玉子燒等等。其實日本的高湯做法與材料都比其他國家簡單許多，只要好好處理食材就可以很快做出來喔！

材料
Ingredients

昆布 *Sea kelp* **10**g
柴魚片 *Katsuo bushi* **20**g
水 *Water* **1000**cc

● 調味料
味醂 *Mirin* **1**大匙
醬油 *Soy sauce* **1**大匙

● 炒昆布＆柴魚片
白芝麻粒 *White sesame* **1**小匙

1

昆布和柴魚片的比例是總水量1%的昆布和2%的柴魚片。即1000cc（水）：10g（昆布）：20g（柴魚片）。

✳ 當然可以改成自己喜歡的比例或濃度喔！

2

昆布基本上不要沖洗，如果怕表面不乾淨的話，可以用布擦一擦就好了！

3

把昆布泡水，至少放30分鐘。如果冬天的話，可以放一個晚上。

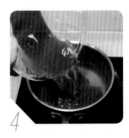

4

泡過的昆布連同水全部倒入鍋子裡，開小火，煮約10分鐘。

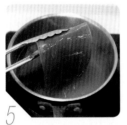

5

10分鐘後開大火，開始滾後，熄火，把昆布取出。

✳ 昆布不要熬很久，不然會出現黏液喔！

6

取出的昆布還可以做成小菜喔！

7

同一鍋子裡加入柴魚片，開中火。

8

讓它滾30～60秒鐘後，熄火。

9 用濾網，或紗布過
濾。

10 柴魚片稍微壓一下，
擠出來水分，這樣日
式高湯就完成了！

☀ 也可以多做一點，
放入冰箱冷凍備
用。

炒昆布&柴魚片

1 把熬湯用的昆布切成
絲。

2 準備不沾平底鍋，開
中火，放入已經熬過
湯用的柴魚片炒一
炒，蒸發掉多餘的水
分。

3 放入昆布絲繼續炒。

4 倒入調味料、白芝麻
粒就完成了！

☀ 它非常下飯，放入
便當盒裡也很適合
的！

| Dried Fish & Konbu Dashi |

日式高湯（小魚乾&昆布）

接下來介紹另一種傳統日式高湯，只要用小魚乾熬煮可以享受更濃的海鮮Umami（旨味、鮮味）。做法不複雜，和柴魚片高湯差不多，用途也很類似，做成味噌湯、煮物、玉子燒等都可以。熬湯之後剩下的小魚乾和昆布，也可以做成超級下飯的小菜喔！

材料
Ingredients

昆布 *Sea kelp* **10g**（1%）
小魚乾 *Dried fish* **40g**（4～5%）
水 *Water* **1000cc**

● 炒昆布 & 小魚乾
| 辣椒 *Chili pepper* **1/2根**
| 麻油 *Sesame oil* **1/2小匙**
| 味醂 *Mirin* **1大匙**
| 醬油 *Soy sauce* **1大匙**
| 柴魚片 *Katsuo bushi* **少許**
| 白芝麻粒 *White sesame* **1小匙**

1 準備昆布 & 小魚乾。

❋ 小魚乾盡量選有漂亮的銀色。如果顏色太黃，就表示已經不OK了。

2 泡在量好的水裡。如果不加熱使用，冷藏一天就可以了。如果要熬煮的話，至少先泡30分鐘左右，再開始加熱。

❋ 泡過冷水的高湯味道比較溫和，也比較不會有苦味，且熬過的高湯風味比較濃。

3 如果要熬的話，倒入鍋子裡，開小火，開始煮。

4 約5分鐘後，轉中火，煮滾，把表面的泡泡撈出來。

5 把昆布取出，以小火繼續煮約5分鐘。

6 用紗布或很細的濾網過濾就完成了！

炒昆布&小魚乾

1

把昆布切成絲。

2

如果喜歡辣的話，可以切一點辣椒！

3

取一平底鍋，倒入一點麻油，開中火。

4

放入熬過湯的小魚乾炒一下。

5

把小魚乾的多餘水分蒸發後，再加入昆布絲、辣椒攪拌一下，把食材平均散開。

6

加入味醂、醬油、柴魚片和白芝麻粒拌炒一下，就可以熄火！

基本湯底
だし＆ストック

雞高湯

| Chicken Stock |

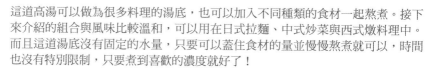

這道高湯可以做為很多料理的湯底，也可以加入不同種類的食材一起熬煮。接下來介紹的組合與風味比較溫和，可以用在日式拉麵、中式炒菜與西式燉料理中。而且這道湯底沒有固定的水量，只要可以蓋住食材的量並慢慢熬煮就可以，時間也沒有特別限制，只要煮到喜歡的濃度就好了！

材料
Ingredients

雞胸骨 *Chicken breast bones* 4片（800g）
水 *Water* **1200**cc
蔥 *Green onion* **2～3**支
白菜 *Sue choy* **1/8**個
昆布 *Sea kelp* **20**g

1 這次用雞胸骨，也可以用方便買得到的部位，如：雞骨頭、翅膀也很好！

※ 這次我選的食材組合是比較清爽的，可以用在日式或西式料理中。

2 放入雞胸骨汆燙一下。

3 將煮水＆雞胸骨骨頭全部倒出。

※ 第一次煮過的水含有腥味，煩把鍋子沖洗一次，以免留下腥味。

4 把雞胸骨沖一沖，洗掉表面的腥味。如果有內臟類的話順便拿掉。

5 鍋子裡倒入水、雞胸骨。

※ 因為熬的時間＆濃度都可以用自己的喜好調整，所以沒有一定的水量，只要能全部蓋住材料就好了。

6 放入把其他的材料後，開中火。

※ 如果喜歡重一點的風味，可以加入洋蔥、蒜頭或薑喔！

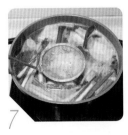

7 開始滾後，調整火候，保持小滾，把表面的泡泡撈出來。

※ 至少要熬1小時。如果熬更久的話，風味會更多，但在熬煮的過程中，水分會變少，可以隨時補水。

8 熬的流程完成後，用濾網過濾就完成了！

※ 這種高湯用途很多，可以應用在日式、中式或西式料理中。

| Pork Stock |

豬高湯

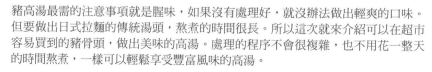

豬高湯最需的注意事項就是腥味，如果沒有處理好，就沒辦法做出輕爽的口味。但要做出日式拉麵的傳統湯頭，熬煮的時間很長。所以這次就來介紹可以在超市容易買到的豬骨頭，做出美味的高湯。處理的程序不會很複雜，也不用花一整天的時間熬煮，一樣可以輕鬆享受豐富風味的高湯。

材料
Ingredients

豬背骨 _Pork back bones_ **500**g
水 _Water_ **800**cc
蔥 _Green onion_ **2～3**支

蒜頭 _Garlic_ **5～6**瓣
薑 _Ginger_ **30**g
昆布 _Sea kelp_ **20**g

1

這次用豬背骨，可以用方便買得到的部位來煮，排骨也很好！

❊ 豬肉的風味比較濃，用種類較多的食材一起熬煮，味道比較能平衡。

2

鍋子裡裝水（份量外），放入豬背骨，開中火，煮滾後，再轉小火，繼續熬約10分鐘左右。

❊ 因為豬背骨的腥味較重，燙久一點，骨頭內的腥味才會排出。

3

將煮水與骨頭全部倒出。

❊ 第一次煮好後的水含有腥味，煩把鍋子沖洗一次，避免留下腥味。

4

把豬背骨沖一沖，洗掉表面的腥味。如果有內臟類的話順便拿掉。

5

鍋子裡倒入水、豬背骨。

❊ 因為熬的時間＆濃度都可以用自己的喜好調整，所以沒有一定的水量，只要能蓋住全部材料就好了。

6

放入其他的材料後，開中火。

❊ 如果喜歡重一點的風味，可以加更多的蒜頭、薑喔！

7

開始滾後，調整火候，保持小滾，把表面的泡泡撈出來。

❊ 熬的時間最理想是5～6小時（！）但在家使用瓦斯爐，應該不方便開火這麼久，至少約1小時風味就會出來，就可以熄火了，如果水分變少，可以隨時補水。

8

熬的流程完成後，用濾網過濾就完成了！

❊ 這種高湯可以做成拉麵湯底喔！

海
鮮
高
湯

| Seafood Stock

海鮮高湯有各種不同的做法，有的食譜會用到蝦殼。我這次介紹的是用魚骨頭，做出來的味道比較偏西式高湯。其中還會用到幾種不同的香草，熬出來的湯底非常香，若加入白酒，也可以多享受一層的成熟葡萄風味。不只可以用來做海鮮湯，也很適合海鮮系列的義大利麵。

🕐 份量 **1** 人份　　🕐 烹調時間 **45** 分鐘　　▲ 難易度 ★ ● ●

鮭魚骨頭 *Salmon bones* **500**g
水 *Water* **2000**cc
白酒 *White wine* **200**cc
洋蔥 *Onion* **1/2**個
紅蔥頭 *Shallots* **2～3**瓣
蒜頭 *Garlic* **2～3**瓣
巴西里 *Parsley* 適量
百里香 *Thyme* **1**把
月桂葉 *Bayleaves* **1～2**張

1
這次用到鮭魚骨頭，也可以用其他種類的魚頭。

2
準備滾水，放入鮭魚骨頭汆燙一下。

3
將煮水＆骨頭全部倒出。
※ 第一次煮好後的水含有腥味，燒把鍋子沖洗一次，避免留下腥味。

4
鍋子裡倒入2000cc水、鮭魚骨頭，開中火。

5
開始滾後，調整火候，保持小滾，把表面的泡泡撈出來。

6
倒入白酒。
※ 也可以用清酒或米酒代替。

7
放入洋蔥、紅蔥頭與蒜頭。

8
再放入巴西里、百里香與月桂葉。
※ 因為魚類容易有腥味，最好搭配多一點種類的香草一起熬。

9
煮滾後，轉小火，保持小滾，繼續熬約30分鐘。

10
熬的流程完成後，用濾網過濾就完成了！
※ 這種高湯適合做成海鮮醬汁，或海鮮湯底、火鍋類等。

牛高湯

法式傳統的牛高湯，除了要尋找適合熬湯的牛骨頭和許多蔬菜，還要放進烤箱烤很久，再放入大鍋和水一起熬煮，不僅費工而且費時。為了讓牛骨頭裡頭所有含的養分精華都能熬出來，要花約兩天的時間，但這樣的做法對許多家庭而言，不方便也不理想。所以這次介紹比較簡單的做法。食材容易買到，熬煮時間較短，口味不會太重，還可以用在各國不同的料理中。

| ◖ 份量 **1** 人份 | ◷ 烹調時間 **45** 分鐘 | ◮ 難易度 ★★★ |

材料
Ingredients

牛筋 *Beef tendons* 300g
水 *Water* 800cc
薑 *Ginger* 10g
蔥 *Green onion* 2～3支
蒜頭 *Garlic* 2～3瓣
牛絞肉 *Ground beef* 200g

1 這次用牛筋，比牛骨更快可以熬出很多精華，也可以加入牛絞肉，或加入不同部位的牛肉！

2 鍋子裡倒水、牛筋，開中火，煮滾後，轉小火，繼續熬約10分鐘左右。

3 將煮水＆牛筋全部倒出來。

※ 第一次煮好後的水含有腥味，煩把鍋子沖洗一次，以免留下腥味。

4 把牛筋沖一沖，洗掉表面的腥味。如果有內臟類的話順便拿掉。

5 鍋子沖洗後，再倒入800cc的水和做法4的牛筋。

※ 因為熬的時間＆濃度都可以用自己的喜好調整，所以沒有一定的水量，只要能蓋住全部食材就好了。

6 放入薑、蔥與蒜頭後，開中火，煮滾時，調整火候，保持小滾，煮約1小時。

7 接下來放入牛絞肉，繼續熬煮約30分鐘。

8 開始滾後，調整火候，保持小滾，把表面的泡泡撈出來。

9 熬的流程完成後，用濾網過濾就完成了！

| Vegetable Stock |

蔬菜高湯

平常我比較少用這道高湯。通常做法是將切好的蔬菜和水一起煮，再加入調味料
就可以直接食用。這次介紹的做法有一點特別，是利用本來會丟掉的蔬菜屑來做
高湯，先放入烤箱烤到稍微焦糖化後，再熬煮成高湯，口味較重，很適合與茄汁
醬系列的料理搭配。

材料
Ingredients

蔬菜屑 *Vegetable peels, roots, head* **1**個烤盤
昆布 *Sea kelp* **10**g
乾香菇 *Dried shitake mushrooms* **2**朵
水 *Water* 適量
黑胡椒粒 *Black pepper* 適量

1

基本上所有的蔬菜都可以使用，連蔬菜本身、根、皮、蒂頭等都可以加入。但如果要加入更多風味的話，可以加入昆布&乾香菇。

2

放入預熱好（上下火200℃）的烤箱，烤約30分鐘，或表面呈金黃色。

❋ 烤到有一點焦糖化的蔬菜，可以享受更多重的風味。如果不習慣的話，不烤直接熬煮也沒問題！

3

把蔬菜烤到金黃色就可以取出。

4

將蔬菜放入鍋子裡，倒入水。

❋ 因為熬的時間&濃度都可以用自己的喜好調整，所以沒有一定的水量，只要能全部蓋住材料就好了。

5

如果需要多一種香料風味，可以加入黑胡椒粒。

6

熬約15～20分鐘，或喜歡的濃度後，就可以過濾了。

Dear, would you like some soup?

[◎]

簡單易上手的
味噌湯

PART 2

みそしる

| Tofu&Wakame Miso Soup |

傳統道地豆腐&海帶芽味噌湯

全世界很多人都認識味噌湯（Miso Soup），在台灣也有很多餐廳會提供味噌湯，當然在家也很容易做出來。做法基本上不會複雜，只要稍微注意一下食材放入的順序就好了。這道湯的好處就是可以利用冰箱裡的剩菜，就可以做出口味豐富的味噌湯，所以大家可以多喝味噌湯喔！

🕐 份量 **1** 人份　　🕐 烹調時間 **8** 分鐘　　⏸ 難易度 ★

白蘿蔔 *Daikon* 50g
雪白菇 *White shimeji mushrooms* 1/2包
豆腐 *Tofu* 1/2盒
乾海帶芽 *Wakame* 3g
日式高湯 *Dashi* 500cc
味噌 *Miso* 40g
蔥花 *Chopped green onion* 少許

1

白蘿蔔削皮切成薄片；雪白菇根的部分切掉後，剝成小塊；豆腐切成方塊。

❋ 蔬菜可以用自己喜歡的紅蘿蔔、牛蒡或高麗菜等等！

2

乾海帶芽裡倒入水，泡2～3分鐘讓它變軟。

3

倒入日式高湯。

4

先放入根類菜。放入白蘿蔔，開中火，煮滾後，轉小火。

5

等白蘿蔔變軟後，放入雪白菇繼續煮一下。

6

這次用紅＆白混合的味噌，只用紅的，或只用白的都可以。

❋ 紅色的味噌豆味比較濃，白色的比較甜，兩樣混合一起用也很好！
❋ 可以自己調整鹹度喔！

7

先熄火，用濾網放入味噌，讓味噌慢慢溶入湯裡，這樣才不會太鹹或黏成一團，口感不佳！

❋ 濾網裡留的碎味噌也可以放入鍋子裡！

8

把泡到軟的海帶芽擠出多餘的水分。

9

放入鍋子裡。

10

現在可以加入豆腐，開中火，煮約30秒鐘就可以熄火，盛碗，上面放入一些蔥花就完成了！

❋ 加入味噌後不要滾太久，不然它的風味都會跑掉喔！

[味噌湯]
味增湯
みそしる

豬肉味噌湯

如果想要喝有很多料的味噌湯,這道菜非常適合,會用到很多種類的蔬菜和肉,不需要準備其他的料理,只要有一碗湯和白飯就很有滿足感。肉片可以換成喜歡的種類或部位,換成牛肉也很好吃,把飯改成烏龍麵也不錯。

材料
Ingredients

豌豆 *Snap peas* 6片
蒟蒻絲 *Konjac noodles* 80g
紅蘿蔔 *Carrot* 50g
洋蔥 *Onion* 1/2個
牛蒡 *Burdock root* 30g

牛肉薄片 *Sliced beef* 160g
清酒 *Sake* 1大匙
砂糖 *Sugar* 1/2小匙
日式高湯 *Dashi* 500cc
味噌 *Miso* 40g

1 這道湯用到的食材。將豌豆汆燙；蒟蒻絲汆燙後，切段。

2 把紅蘿蔔滾刀切塊；洋蔥切成絲。

3 用刀背將牛蒡的皮刮下來。

❋ 牛蒡皮含有許多營養與風味，最好不要削掉太厚的皮。

4 切成薄片。

5 將牛肉薄片放入碗裡，加入清酒、砂糖混合醃一下。

❋ 先調味一下比較不會有腥味。

❋ 用五花肉或梅花肉代替也可以！

6 鍋子開中火，加入一點油，放入蔬菜（除了豌豆以外），炒到洋蔥變成透明。

7 放入蒟蒻絲繼續炒一下。

8 倒入日式高湯，煮到牛蒡、紅蘿蔔變軟。

9 放入牛肉薄片，均等散開。

10 把表面的泡泡撈出來。

11 用濾網加入味噌混合好。

❋ 鹹度可以自己調整喔！

12 最後放入切成小塊的豌豆就完成了！

蝦子毛豆糰子味噌湯

蝦子和味噌是很好的組合,直接加入味噌湯很好喝。這次特別把蝦子做成蝦丸,脆脆的口感與毛豆的風味非常速配。將準備好的味噌湯底倒入砂鍋裡,做成火鍋底也很不錯,再配上白菜、豆腐等,和大家一起分享也很好!

材料
Ingredients

雪白菇 *White shimeji mushrooms* 1/2包
毛豆 *Edamame* 20g
蝦仁 *Peeled prawns* 150g
太白粉 *Potato starch* 適量
日式高湯 *Dashi* 500cc
味噌 *Miso* 40g

1 這道湯用到的食材。將雪白菇根的部位切掉，剝成小塊；毛豆煮熟後，冷卻。

2 用刀子把蝦仁打成泥。

＊ 用調理機也可以。

3 蝦仁泥和毛豆混合好。

4 捏成圓形。

5 表面均等沾上太白粉。

＊ 沾太白粉可以防止毛豆掉下來，也可以享受滑潤的口感！

6 加入日式高湯或海鮮高湯，開中火，放入雪白菇。

7 煮滾後，放入蝦仁毛豆丸。

8 煮到蝦仁毛豆丸熟後，再放入味噌，等煮滾就馬上熄火，就可以盛碗喝囉！

＊ 鹹度可以自己調整。

北海道風鮭魚奶味噌湯

如果介紹味噌湯的變化版,一定會有這道食譜,特別運用北海道的美味食材來做出很豪華的湯。味噌的豆香味和牛奶濃郁的風味,就變成很特別的湯底;而南瓜的天然甜味和鮭魚的海鮮味更棒!只要喝到這碗湯就可以享受北海道的氣氛,一起享受吧!

| 份量 **1** 人份 | 烹調時間 **15** 分鐘 | 難易度 ★ |

南瓜 *Kabocha* 80g
鴻禧菇 *Shimeji mushrooms* 1/2包
花椰菜 *Broccoli* 5～6個
豌豆 *Snap peas* 5～6片
鮭魚 *Salmon* 1片
海鮮高湯 *Fish broth* 300cc
牛奶 *Milk* 200cc
味噌 *Miso* 2大匙
奶油 *Butter* 1大匙

1
這次選了有北海道風格的食材，可以加入更多種類的蔬菜喔！

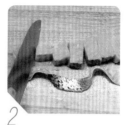

2
鮭魚去皮後，切成容易吃的大小。

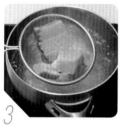

3
汆燙一下，去掉腥味。

4
放在紙巾上，吸取多餘的水分。

5
倒入海鮮高湯、牛奶，開中火。

6
放入切成薄片的南瓜、剝成小塊的鴻禧菇，把南瓜煮到變軟。

7
再加入花椰菜，再煮到花椰菜的綠色變成亮綠色。

8
接著加入豌豆、味噌。

9
最後放入鮭魚煮滾一下，就可以熄火。

10
如果需要的話，可以加入奶油，享受更濃郁的風味！

| Black Cod Miso Soup |

鱈魚紅葉味噌湯

鱈魚的濃郁味道做成味噌湯也很適合，一般用來做成火鍋。這次用味噌做湯底，放入蔬菜＆鱈魚的簡單做法，搭配微辣的蘿蔔泥，一起吃非常清爽。如果冬天想要吃少量與食材簡單的火鍋，這道是很適合的選擇！

| 🍵 份量 **1** 人份 | 🕐 烹調時間 **10** 分鐘 | ⏏ 難易度 ★ |

材料
Ingredients

鱈魚 *Black cod* 1片
小白菜 *Sue choy* 1把
白蘿蔔 *Daikon* 50*g*
辣椒 *Chili pepper* 1/2根
日式高湯 *Dashi* 500*cc*
味噌 *Miso* 40*g*

1
把鱈魚切成容易吃的大小；小白菜切段；白蘿蔔削皮。

2
鱈魚汆燙去掉腥味後，放在紙巾上，吸取多餘的水分。

3
白蘿蔔切半後，往中間切進去，但不要切到分開。

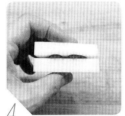

4
把辣椒塞入切好的縫隙間。

❋ 塞不進的部分可以切掉。

5
將辣椒全部磨成泥。

6
放在濾網上，去掉多餘的水分。

7
鍋子裡放入日式高湯，煮滾後，放入小白菜。

8
小白菜煮到軟一點後，放入鱈魚煮到熟。

9
加入味噌煮滾一下後，就可以熄火，盛碗。

10
上面放入紅葉蘿蔔泥，就可以享受清爽美味的味噌湯！

蛤蜊味噌湯

| Clams Miso Soup |

一般要加入蛤蜊的味噌湯，通常不會準備太複雜的高湯，只要水裡放入一片昆布，再將蛤蜊加熱，就可以熬出非常醇厚風味的湯。另外加入兩種食材做為裝飾，不只好看，也可以讓湯品本身的味道變得更香，搭配拉麵或烏龍麵都很適合！

材料
Ingredients

昆布 *Sea kelp* 5g
水 *Water* 500cc
蛤蜊 *Clams* 300g
鹽 *Salt* 適量

清酒 *Sake* 2大匙
味噌 *Miso* 30g
＊鹹度可以自己調整喔！

紅蘿蔔 *Carrot* 10g
蔥 *Green onion* 1支

| 份量 | **1** | 人份 | 烹調時間 | **8** | 分鐘 | 難易度 | ★ |

1 把昆布放入裝水的鍋子裡，放置約30分鐘，讓味道出來。

2 這道湯的主角是蛤蜊，不用特別搭配其他複雜的食材。

　✳ 汆燙過的豌豆，加或不加都可以！

3 把蛤蜊泡在鹽水中，放1～2小時讓它吐砂。

4 處理好的蛤蜊放入鍋子裡，開中火。

5 煮滾後，把昆布取出。

6 煮蛤蜊的時候，可以邊撈出雜汁＆泡泡。

7 等蛤蜊全部開口後，熄火，加入清酒、味噌讓它小滾後，馬上熄火，就完成了！

8 放入汆燙過切成絲的紅蘿蔔與蔥。

　✳ 做法請參考下方的做法！
　✳ 也可以放入豌豆。

紅蘿蔔＆蔥絲

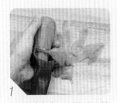

1 用削皮刀將紅蘿蔔削成薄片。

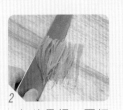

2 每片疊好，再切成絲。

3 把蔥切段後，再切開。

4 切開的蔥段疊好。

5 再切成絲。

6 泡在冰水，會變成脆脆的，也會自動捲起喔！

　✳ 放在湯或拉麵上都適合！

Nagasaki Style Miso Soup

長崎風蔬菜味噌湯

來介紹一道很有歷史的鄉土料理，是在日本鎌倉時代研發出來的。食材部分其實和豬肉味噌湯很像，只是沒有加入肉，但另外加入了兩種不同的豆腐，吃起來很有滿足感。假設您在減肥，不想要吃太多肉的話，這道湯品非常適合！

份量 **1** 人份　　　烹調時間 **15** 分鐘　　　難易度 ★

牛蒡 _Burdock root_ 30g
紅蘿蔔 _Carrot_ 30g
蔥 _Green onion_ 1支
蒟蒻片 _Konjac_ 100g
油豆腐 _Deep fried tofu_ 2～3個
日式高湯 _Dashi_ 500cc
板豆腐 _Firm tofu_ 30g
味噌 _Miso_ 40g

1
牛蒡切成絲，泡水；
紅蘿蔔切成薄片；蔥
切成丁。

※ 蔬菜可以選喜歡＆
方便用的！

2
用湯匙把蒟蒻片刮成
小塊。

※ 這樣處理的話，表
面會凹凸不平，比
較容易入味。

3
把蒟蒻汆燙去掉腥
味。

4
把油豆腐過熱水，洗
掉表面多餘的油。

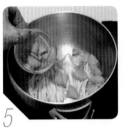

5
鍋子開中火，加入一
點油，放入牛蒡、紅
蘿蔔，炒到香味出
來。

6
放入蒟蒻繼續炒一
下，讓蒟蒻表面多餘
的水分蒸發。

7
放入切成小塊的油豆
腐拌炒一下。

8
倒入日式高湯、蘿
蔔、牛蒡煮到變軟。

9
加入味噌。

※ 鹹度可以自己調整
喔！

10
最後放入剝成小塊的
板豆腐，讓它煮滾一
下後，熄火，盛碗，
撒入一點蔥花就OK。

| Mochi Miso Soup |

燒麻糬味噌湯

麻糬也可以當味噌湯的料，像我小時候就常常喝加入麻糬的味噌湯。但問題是，如果麻糬放入鍋子煮太久的話，它會溶化，變成黏黏的，口感不是很好。所以我會建議先把麻糬烤到金黃色酥脆後，再放入味噌湯裡，這樣就可以一邊沾味噌湯，一邊吃，享受多重口感！

| 份量 **1** 人份 | 烹調時間 **10** 分鐘 | 難易度 ★☆☆ |

材料 Ingredients

麻糬 *Mochi* **2**顆
白蘿蔔 *Daikon* **100***g*
紅蘿蔔 *Carrot* **20***g*
金針菇 *Enoki mushrooms* **1/2**包
龍鬚菜 *Long xu cai* **2**把
日式高湯 *Dashi* **500***cc*
味噌 *Miso* **40***g*

1

這道的主角麻糬，可以買已經切成小塊的。

2

白蘿蔔、紅蘿蔔切成薄片；金針菇、龍鬚菜切成段。

❋ 在日百貨公司地下超市或專賣進口食材的超市可以買到麻糬，或用年糕代替也可以！

3

鍋子裡倒入日式高湯。

4

放入紅蘿蔔、白蘿蔔，開中火，煮滾後，轉小火，煮到菜變軟。

5

加入金針菇繼續煮一下。

6

把麻糬放入預熱好（上下火250℃）的烤箱，烤約6～8分鐘，或表面呈金黃色。

❋ 時間僅供參考，可以看麻糬的大小和厚度，自己再調整一下喔！

7

放入味噌。

❋ 鹹度可以自己調整喔！

8

加入龍鬚菜，煮到變成亮綠色後，熄火，盛碗。

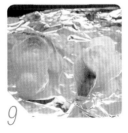

9

哇～！麻糬已經烤好了！只要膨脹並上色就可以取出。

10

放入最上面就完成了！

❋ 食用的時候，把麻糬泡在味噌湯裡，超級好吃的！

| Sweet Potato & Mushrooms Miso Soup |

地瓜 & 菇味噌湯

秋天時，可以利用當季蔬菜做出很有滿足感的湯。如果馬鈴薯加入味噌湯裡，就可以中和味噌的鹹味；如果加入地瓜的話，可以產生天然的蔬菜甜味，而且效果更好，更可以享受豐富的風味。另外加入菇類的話，會有滑潤與脆脆的口感。所以建議秋天一定要喝這道美味的湯。

份量 **1** 人份　　烹調時間 **15** 分鐘　　難易度 ★

材料
Ingredients

黃地瓜 *Sweet potato* **100**g
豌豆 *Snap peas* **5～6**片
油豆腐 *Deep fried tofu* **2～3**個
日式高湯 *Dashi* **500**cc
鴻禧菇 *Shimeji mushrooms* **1**包
味噌 *Miso* **40**g

1

這次的組合比較有秋天的感覺！黃地瓜換成紅地瓜葉也可以；豌豆先汆燙好。

2

把油豆腐汆燙一下，去掉表面多餘的油分。

3

把油豆腐切成小塊。

4

黃地瓜切成小塊。

※ 如果皮太厚的話，可以削掉。

5

泡水，去掉多餘的澱粉。

6

鍋子裡倒入日式高湯，放入地瓜，開中火，煮到地瓜稍微軟一點。

7

放入鴻禧菇，繼續煮2～3分鐘。

8

放入油豆腐再煮一下。

9

再放入味噌。

10

最後放入切成小塊的豌豆讓它滾一下，就可以盛碗！

Eggplant & Tomato Miso Soup

燒烤茄子＆番茄味噌湯

茄子的烹調法很多種，除了炒或炸，也可以用燒烤的方法，享受茄子的美味。看到茄子用燒的方式處理，讀者一定覺得很特別，但其實這樣處理過的蔬菜非常香，別有風味。做法和甜椒差不多，把皮的部分燒掉，可以更容易去皮，也可以提出蔬菜本身焦糖化的風味。這次搭配小番茄，風味與口感更豐富了。

份量 **1** 人份　　烹調時間 **15** 分鐘　　難易度 ★

小番茄 *Cherry tomatoes* **4～5顆**

豌豆 *Snap peas* **4片**

茄子 *Eggplant* **1根**

日式高湯 *Dashi* **500**cc

味噌 *Miso* **40**g

1

小番茄的皮要去掉，所以要選全熟（深紅色）的；豌豆先汆燙好；茄子用長的或短的都OK。

2

用噴槍把茄子的皮燒掉。

❊ 可以直接放在瓦斯爐上燒烤也可以。

3

泡在水裡，把燒掉的皮洗掉。

❊ 這樣加過熱的茄子非常香，直接淋入醬油和撒入柴魚片也很好吃喔！

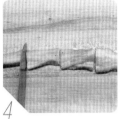

4

切成容易吃的大小。

5

把小番茄的蒂頭切下來後，汆燙約10～15秒鐘。

6

放入冰塊水中冷卻後，從蒂頭切掉的地方剝掉皮。

7

蔬果都要去皮喔！

8

鍋子裡倒入日式高湯，開中火，煮滾後，放入茄子、番茄稍煮一下。

9

放入味噌。

❊ 鹹度可以自己調整喔！

10

煮滾後，熄火，加入切成小塊的豌豆就可以盛碗了！

Natto Miso Soup

納豆養生味噌湯

對許多台灣人而言，這道應該是比較有挑戰性的湯，也就是大家知道的納豆。它是對身體很好的食物，但也不是每個日本人都可以習慣這種發酵過的味道。對我來說，這就是美食，所以我一直在研究如何變化才能讓大家比較容易接受。像這樣放入味噌湯裡的效果很好，因為同樣都是豆類，一起吃完全不會奇怪，另外又加入了日本山藥，更可以享受豐富的營養。

◐ 份量 **1** 人份	⏱ 烹調時間 **8** 分鐘	▲ 難易度 ★

材料
Ingredients

日本山藥 *Japanese Yamaimo* **100***g*
納豆 *Natto* **1**盒
日式高湯 *Dashi* **500***cc*
味噌 *Miso* **40***g*
蔥 *Green onion* **1**支

1 這次我用兩樣有黏度的養生食材做味噌湯！

※ 山藥是日本的山藥，顏色比較白，可以生吃。

2 把日本山藥的皮削掉後，切成絲。

3 泡在水裡，去掉表面的黏液。

4 納豆現在很多地方都買得到，超市的冷凍區都有，每種牌子都很好吃！

5 鍋子裡倒入日式高湯。

6 放入日本山藥，開中火。

7 日本山藥煮到喜歡的熟度後，加入味噌。

※ 鹹度可以自己調整喔！

8 放入納豆稍微攪一攪，黏液就會溶化掉，熄火，盛碗，撒入一點切好的蔥花就完成了！

| Saba Miso Soup |

鯖魚煮物風味噌湯

鯖魚本身的腥味很重，平常要用這類魚的時候，需特別小心處理。如果做成煮物的話，更容易產生腥味，所以一定要搭配蔥和薑，是最常見的組合。這次介紹日本的傳統家庭料理，讓鯖魚變成鯖魚味噌煮湯！

材料
Ingredients

鯖魚（半身）*Saba, filet* 2片
薑 *Ginger* 10*g*
白蘿蔔 *Daikon* 50*g*
蔥 *Green onion* 1支
日式高湯 *Dashi* 500*cc*
味醂 *Mirin* 2大匙
味噌 *Miso* 40*g*

1
鯖魚可以用已經處理好的，薑、白蘿蔔切成薄片；蔥白色的部分切成薄片，綠色部分切成丁。

2
把鯖魚切成容易處理的大小。

3
切成薄片的薑取出幾片，切成絲或做為裝飾。

4
把鯖魚汆燙去掉腥味。

5
鍋子裡倒入日式高湯，放入白蘿蔔、薑與蔥白，開中火。

6
倒入味醂後，保持小滾煮到白蘿蔔軟。

❋ 倒入味醂，可以做出和日式鯖魚味噌煮很接近的味道！

7
放入鯖魚煮到熟。

8
再放入味噌煮滾後，熄火，盛碗，上面放入薑絲、蔥花就完成了！

Dear, would you like some sonp?

清爽健康,
天天喝也不會膩的
蔬菜湯

PART 3

野菜スープ

豐富蔬菜白酒燉煮湯

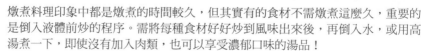

燉煮料理印象中都是燉煮的時間較久,但其實有的食材不需燉煮這麼久,重要的是倒入液體前炒的程序。需將每種食材好好炒到風味出來後,再倒入水,或用高湯煮一下,即使沒有加入肉類,也可以享受濃郁口味的湯品!

| 🕐 份量 **1** 人份 | 🕐 烹調時間 **10** 分鐘 | ⊙ 難易度 ★ |

材料
Ingredients

紅蘿蔔 *Carrot* **30g**
洋蔥 *Onion* **1/4個**
高麗菜芽 *Mini cabbage* **2片**
鴻禧菇 *Shimeji mushrooms* **1/2包**
豌豆 *Snap peas* **5～6片**

白酒 *White wine* **50cc**
水 *Water* **500cc**
迷迭香 *Rosemary* **1支**
鹽＆黑胡椒 *Salt Black pepper* 適量

1 紅蘿蔔切成薄片；洋蔥、高麗菜芽切成小塊；鴻禧菇剝成小塊；豌豆汆燙好。

2 鍋子裡倒入一點油，開中火，加入洋蔥、紅蘿蔔，炒到洋蔥變透明。

3 加入鴻禧菇，炒到香味出來。

4 再加入高麗菜芽，炒到變軟。

5 倒入白酒。
※ 用清酒代替也可以。

6 倒入水或蔬菜高湯。

7 放入迷迭香、鹽＆胡椒，保持小滾，蔬菜煮到喜歡的熟度。

8 熄火前，放入切成小塊的豌豆混合好，就可以盛碗！

| Chick Peas Tomato Soup |

鷹嘴豆蔬菜湯

接下來介紹我最喜歡的湯品其中之一，番茄風味的蔬菜湯。這道湯的優點就是加入什麼菜都適合，只要把冰箱裡剩下的蔬菜，切一切放入鍋裡煮一煮，就可以做出很豐富的湯。唯一的缺點就是少了蛋白質，所以我決定加入鷹嘴豆，設計讓人更有滿足感的湯。鷹嘴豆在國外比較常出現，如果一時買不到，可以改用平常習慣用的豆類喔！

| 🕐 份量 **1** 人份 | 🕐 烹調時間 **10** 分鐘 | ⚠ 難易度 ★ ★ ☆ |

材料 Ingredients

洋蔥 _Onion_ 1/4個

紅蘿蔔 _Carrot_ 20_g_

百里香 _Thyme_ 1把

巴西里 _Parsley_ 少許

鷹嘴豆 _Chickpea_ 200_g_

水煮番茄 _Canned Tomato_ 200_g_

雞 _or_ 蔬菜高湯 _Chicken or Vegetable broth_ 500_cc_

鹽＆黑胡椒 _Salt Black pepper_ 適量

砂糖 _Sugar_ 1小匙

Tabasco 醬 _Tabasco sauce_ 適量

1 洋蔥、紅蘿蔔切成小塊；這次用百里香、巴西里，你也可以用喜歡的香草代替。

2 鷹嘴豆是國外常會出現的食材，有乾燥或已經煮過的，這次我用已經煮到熟的原味鷹嘴豆。把罐頭裡的水分倒掉。

※ 當然可以用其他種類的豆子，黃豆、綠豆都OK！

3 把水煮番茄放入果汁機打成泥。

4 鍋子裡倒入一點油，開中火，放入洋蔥、紅蘿蔔，炒到洋蔥變透明。

5 倒入番茄泥。

6 倒入雞or蔬菜高湯。

7 加入百里香。

※ 可以用乾燥綜合香草代替喔！

8 放入鷹嘴豆煮滾後，轉小火。

9 加入鹽＆黑胡椒、砂糖調整味道，繼續煮到紅蘿蔔至熟。

10 加入一點Tabasco醬，可以享受多一層風味的湯，熄火，盛碗，上面撒入巴西里末就完成了！

海帶芽和風清湯

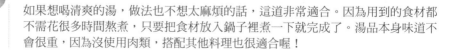

如果想喝清爽的湯，做法也不想太麻煩的話，這道非常適合。因為用到的食材都不需花很多時間熬煮，只要把食材放入鍋子裡煮一下就完成了。湯品本身味道不會很重，因為沒使用肉類，搭配其他料理也很適合喔！

材料
Ingredients

蔥 *Green onion* **1**支
薑 *Ginger* **5**g
板豆腐 *Firm tofu* **100**g
乾海帶芽 *Wakame* **3**g
日式*or*蔬菜高湯 *Japanese or Vegetable broth* **500**cc

醬油 *Soy sauce* **1**大匙
麻油 *Sesame oil* 少許
鹽 *Salt* 少許
白芝麻 *White sesame* 少許

1 蔥斜切；薑切成絲；板豆腐切成小方塊。

2 乾海帶芽加入一點水，讓它吸收水分。

3 鍋子裝日式or蔬菜高湯，開中火，放入薑絲。

4 加入蔥，煮滾後，轉小火。

※ 不需要煮很久，看到蔥變成稍微半透明就好了。

5 加入醬油、麻油與鹽調整味道。

6 把海帶芽吸收的多餘水分擠出來。

7 放入鍋子裡。

8 加入切好的板豆腐讓它滾一下後，撒入白芝麻，熄火，盛碗。

| Lentil Soup |

扁豆田舍風湯

用豆類做出來的湯,好處就是可以喝到自己所需要的營養與維生素,也有豐富的蔬菜與好品質的豆類蛋白質,當早餐配麵包也很適合。這次用到的豆類是比較特別的,也可以改成自己喜歡吃的豆類,如:黃豆、綠豆都很好,如果想要更有滿足感的話,加入一點培根也很不錯!

⏱ 份量 **1** 人份　　⏲ 烹調時間 **10** 分鐘　　▲ 難易度 ★

材料
Ingredients

洋蔥 *Onion* **1/4**個
芹菜 *Celery* **10***g*
紅蘿蔔 *Carrot* **20***g*
蒜頭 *Garlic* **1～2**瓣
花椰菜 *Broccoli* **5～6**個
迷迭香 *Rosemary* **1**支
扁豆 *Lentil* **200***g*
白酒 *White wine* **50***cc*
雞*or*蔬菜高湯 *Chicken or Vegetable broth* **500***cc*
鹽＆黑胡椒 *Salt, Black pepper* 適量

1

洋蔥、芹菜、紅蘿蔔、蒜頭、花椰菜切成小塊。香草類這次我用迷迭香，你也用喜歡的香草代替喔！

2

扁豆是歐美料理中常會用到的食材，有乾燥或已經煮過的，這次我用已經煮到熟的原味扁豆。把罐頭裡的水分倒掉。

※ 當然可以用其他種類的豆子，用黃豆、綠豆代替都OK！

3

鍋子裡倒入一點油，開中火，放入洋蔥、紅蘿蔔、芹菜，炒到洋蔥變透明。

4

倒入白酒。

5

倒入雞*or*蔬菜高湯。

6

放入迷迭香。

※ 可以用乾燥綜合香草代替喔！

7

放入扁豆。

8

煮滾，如果有泡泡出來的話，撈出來，再以小火繼續煮。

9

加入鹽＆黑胡椒調整味道。

10

煮到紅蘿蔔熟，再放入花椰菜煮到亮綠色後，熄火，盛碗。

野菜咖哩湯

Vegetable Curry Soup

 咖哩不一定要像日式咖哩飯那麼有稠度，做比較稀的湯頭，搭配白飯也很適合。只要用幾種香味蔬菜，炒到蔬菜提出風味後，再加入高湯就可以享受很香濃的湯了。這次要做比較東南亞的風格，調味料部分特地選了魚露，它的Umami非常厲害，和椰奶加在一起更棒！

| 份量 **1** 人份 | 烹調時間 **10** 分鐘 | 難易度 ★ ☆ ☆ |

洋蔥 _Onion_ 1/4個
紅蘿蔔 _Carrot_ 20g
芹菜 _Celery_ 10g
紅＆黃甜椒 _Red Yellow bell pepper_ 各半個
豌豆 _Snap peas_ 5～6片
咖哩粉 _Curry powder_ 2大匙
雞_or_蔬菜高湯 _Chicken or Vegetable broth_ 500cc
小番茄 _Cherry tomatoes_ 4～5顆
椰奶 _Coconut milk_ 50cc
魚露 _Fish sauce_ 2小匙
鹽＆黑胡椒 _Salt Black pepper_ 適量

_1_

洋蔥、紅蘿蔔、芹菜切成小塊；紅＆黃甜椒切成容易吃的大小；豌豆先汆燙好。

_2_

把洋蔥、紅蘿蔔、芹菜放入果汁機裡打成泥。

_3_

鍋子裡倒入一點油，開中小火，倒入做法2。

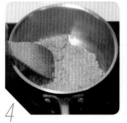

_4_

炒蔬菜泥至少10分鐘，要炒到每種蔬菜的甜味都出來。

_5_

放入咖哩粉，炒到香味出來。

_6_

倒入雞or蔬菜高湯。

_7_

煮滾後，放入紅＆黃甜椒、小番茄。

_8_

倒入椰奶，煮到蔬菜變成喜歡的熟度。

_9_

加入魚露、鹽＆黑胡椒調整味道。

_10_

最後放入汆燙過的豌豆加熱一下後，熄火，就可以盛碗了！

| Sour&Spicy Wafu Soup |

和風酸辣湯

 這次把傳統中式料理變成日式的口味，看看做出來的味道變得如何？很多日本人都認識這道酸酸辣辣的湯，裡面用到很多食材，口感風味都滿豐富。酸味的部分我選了日本梅子代替，切成泥放入鍋煮一下，就會看到一點一點的紅顏色，非常漂亮，酸味很溫和也很好喝！

材料 Ingredients

金針菇 *Enoki mushrooms* 1/2包
紅蘿蔔 *Carrot* 20g
乾香菇（已泡好）*Dried shitake mushrooms* 2朵
板豆腐 *Firm tofu* 100g
日式高湯 *Dashi* 500cc
太白粉 *Potato starch* 2小匙
水 *Water* 2小匙
紫蘇葉 *Oba* 1～2片

● 和風酸辣湯醬

梅子 *Umeboshi* 2粒
醬油 *Soy sauce* 1大匙
清酒 *Sake* 2大匙
味醂 *Mirin* 1大匙
白醋 *Rice vinegar* 1/2大匙

1 金針菇切成丁；紅蘿蔔、已泡好水的乾香菇切成絲；板豆腐切成小方塊。

2 把梅子的籽拿掉後，切成泥。

3 和〔和風酸辣湯醬〕的材料混合好。

4 鍋子裡倒入日式高湯，開中火。

5 放入切好的材料煮滾後，轉小火。

6 倒入做法3，繼續煮到紅蘿蔔變軟。

7 太白粉和水混合好，煮到喜歡的熟度後，熄火，倒入太白粉水混合好後，開小火，勾芡。

8 勾芡後，熄火盛碗，上面撒入切成絲的紫蘇葉就完成了！這道湯很有日式的風味喔！

五目黃豆湯

這道原本是日式傳統的煮物料理,看到食譜名稱就知道,這次我特別設計成比較
液體狀。這道料理中含有五種食材,可以自己換成喜歡的組合,重點是要享受每
種不同風味的口感。放入保溫便當盒裡,帶出去用餐也很好!

| 份量 **1** 人份 | 烹調時間 **30** 分鐘 | 難易度 ★ |

材料
Ingredients

紅蘿蔔 *Carrot* 20*g*
牛蒡 *Burdock root* 20*g*
黃豆（泡水一個晚上）
Dried soy beans soak over night 100*g*
昆布 *Sea kelp* 5*g*
蒟蒻片 *Konjac* 50*g*
日式高湯 *Dashi* 500*cc*
味醂 *Mirin* 1大匙
砂糖 *Sugar* 1大匙
醬油 *Soy sauce* 2大匙

1 這次用到的食材。將紅蘿蔔、牛蒡切成小片。

2 黃豆可以先泡水一個晚上，這樣就不用煮很久。

3 昆布用剪刀剪成小片。

4 蒟蒻片切成小方塊。

5 把蒟蒻汆燙過，沖洗一下，去掉腥味。

6 鍋子裡倒入日式高湯，放入泡過水的黃豆，開中火。

7 黃豆煮到喜歡的的熟度後，放入其他食材，煮滾後，轉小火。

8 加入味醂、砂糖，保持小火，煮到牛蒡變軟。

9 如果有泡泡出來的話，撈出來，但水分變少時，可以隨時補水。

10 煮到喜歡的熟度後，加入醬油調整味道，再煮1～2分鐘後，就可以熄火，盛碗。

番茄和風湯

 來介紹非常輕鬆用番茄做成的養生湯，但不一定要打成泥，或切成丁，利用整顆番茄，也可以做出很好喝的湯。將去皮的番茄泡在湯裡，容易入味，每塊番茄吃起來會產生很多風味。這次搭配的是營養優秀的蔬菜——秋葵，只要好好處理秋葵，口感很好也很容易入味。不只可以當熱湯，做成冷湯也很適合。

份量 **1** 人份	烹調時間 **8** 分鐘	難易度 ★☆☆

材料 Ingredients

昆布 *Sea kelp* 5g
小番茄 *Cherry tomatoes* 100g
秋葵 *Okura* 5～6根
水 *Water* 500cc
鹽 *Salt* 適量
清酒 *Sake* 1大匙
味醂 *Mirin* 1大匙
醬油 *Soy sauce* 1小匙

1
這次用夏天的蔬菜來做清爽的湯品！

2
鍋子裡放入水，放入昆布（不開火）泡約15分鐘。

3
在小番茄的底部表面切十字。

4
放入滾水汆燙10秒鐘左右後，放到冰水裡。

5
把小番茄皮剝下來。

6
把秋葵的蒂頭削掉。

❋ 用削皮刀也可以喔！

7
放在砧板上，撒入一點鹽，滾一滾把表面的細毛去掉。

8
放入滾水汆燙30秒鐘左右後，放入冰水裡冷卻。

9
將泡過昆布的鍋子，開中火，等煮滾時，取出昆布。

10
加入清酒、味醂、醬油調整味道後，再放入小番茄、切成絲的熬湯昆布與切成小塊的秋葵，煮滾一下後，就可以盛碗囉！

| Whole Onion Soup |

整顆洋蔥湯

這道是我個人一直想介紹的料理，會用到整顆洋蔥。但怕大家不太習慣，所以這次分享的做法比較簡單，也比法式洋蔥湯做法更簡易，就可以做出很嫩又很甜的美味洋蔥。您可以選擇自己習慣的方法加熱，重點就是洋蔥要煮到熟，才能享受其中的美味與口感！

| 份量 **1** 人份 | 烹調時間 **15** 分鐘 | 難易度 ★ |

芹菜 *Celery* **10**g
紅蘿蔔 *Carrot* **10**g
豌豆 *Snap peas* **5～6**片
洋蔥 *Onion* **1**個
雞*or*蔬菜高湯 *Chicken or Vegetable broth* **250**cc
鹽＆黑胡椒 *Salt Black pepper* 適量

1
把芹菜、紅蘿蔔切成小塊；豌豆汆燙好。

＊ 洋蔥盡量選擇新鮮的白洋蔥。

2
為了快熟與入味，洋蔥蒂頭的部位用十字法切進去。

3
放進微波爐，加熱約5分鐘，或至變軟。

＊ 用各位習慣的方式加熱就好了，用電鍋也OK！

4
看到洋蔥變半透明，摸起來軟軟的樣子就好了！

5
鍋子裡倒入一點油，開中火，放入芹菜、紅蘿蔔。

6
炒到香味出來。

＊ 如果要加入肉類，放入培根一起炒也很好吃喔！

7
倒入雞or蔬菜高湯煮滾後，轉小火。

8
放入洋蔥。

9
繼續煮約10分鐘左右，讓它入味，撒入鹽＆黑胡椒。

＊ 偶爾翻面，這樣洋蔥比較容易入味喔！

10
盛碗前，把洋蔥上面稍微切開比較好食用。

蔬菜湯
野菜スープ

關東煮湯

關東煮原本的湯汁很多,這次介紹簡單又快速的方法就可以做出好吃的關東煮。不用捏,不用包,也不用炸,只要想吃,稍微煮一下,就可以馬上食用。雖然看起來很簡單,但因加入了關東煮的主角們,如:白蘿蔔、燒豆腐、蒟蒻等等,熱量不會很高,很適合當成晚上的下酒菜喔!

🕐 份量 **1** 人份　　🕐 烹調時間 **15** 分鐘　　🔺 難易度 ★

材料
Ingredients

白蘿蔔 *Daikon* 100g
蒟蒻片 *Konjac* 50g
板豆腐 *Firm tofu* 100g
日式高湯 *Dashi* 500cc
清酒 *Sake* 2大匙
味醂 *Mirin* 1大匙
醬油 *Soy sauce* 1/2大匙
鹽 *Salt* 適量
高麗菜芽 *Mini cabbage* 1個

1

把白蘿蔔的皮削掉。

※ 因為白蘿蔔的纖維很厚，削皮的時候，可以削掉厚一點喔！

2

切成容易吃的大小。

3

鍋子裡倒入水（份量外）、白蘿蔔，開中火，煮到軟後，倒掉水，洗掉蘿蔔的腥味。

4

蒟蒻片的表面切格子狀。

※ 這樣處理過比較好入味！

5

切成容易吃的大小。

6

汆燙後，沖洗掉腥味。

7

板豆腐用噴槍燒烤一下。

※ 用不沾鍋煎一下也可以！

8

鍋子裡倒入日式高湯，開中火，加入清酒、味醂、醬油與鹽。

9

放入食材（除了高麗菜芽），保持小火煮約15～20分鐘，或等食材吸收湯汁。

10

等板豆腐、白蘿蔔都上色後，放入高麗菜芽煮到軟，就可以熄火盛碗了！

Dear, would you like some soup?

PART 4

具たっぷりスープ

French Style Chicken Soup
Chicken&Celery Tomato Soup
Chicken Wings Soup
Curry Butter Cream Soup
Niku Jyaga Soup
Meat Balls Tomato Soup
Beer Stewed Pork
Beef Tendon Wafu Soup
Wafu Seafood Tomato Soup
Clams&Potato Soup

| French Style Chicken Soup |

法式田舍風雞湯

很多國家都有自己風格的雞湯,日式、中式都很好喝。這次選擇用有一點法式風味的雞肉與蔬菜湯。將煎到金黃色的雞肉,放入幾種蔬菜,再加入迷迭香一起煮,就可以享受很香的香草風味。可以一次多做一點,分幾天慢慢食用也很好,而且更入味喔!

| ○ 份量 **1** 人份 | ○ 烹調時間 **15** 分鐘 | ▲ 難易度 ★☆☆ |

材料 Ingredients

洋蔥 *Onion* **1/8**個
紅蘿蔔 *Carrot* **20**g
芹菜 *Celery* **10**g
豌豆 *Snap peas* **5～6**片
雞腿肉 *Chicken thigh* **1**支
鹽＆黑胡椒 *Salt Black pepper* 適量
白酒 *White wine* **50**cc
雞高湯 *Chicken broth* **500**cc
迷迭香 *Rosemary* **1**支
黃芥末籽醬 *Dijon musard* 適量

1 把洋蔥、紅蘿蔔、芹菜切成小塊；豌豆汆燙好。

2 雞腿肉表面撒入鹽＆黑胡椒。

3 鍋子裡倒入一點油，開中火，把雞腿肉皮面朝下放入，煎到表皮變金黃色。

4 不用翻面，只要把雞腿肉皮這面煎好，就可以取出。

5 取一鍋子，開中火，放入切好的蔬菜，炒到洋蔥變透明。

6 倒入白酒。

7 倒入雞高湯。

8 放入迷迭香。

※ 可以改用自己習慣的香草喔！

9 把煎過的雞腿肉切成容易吃的大小。

10 鍋子裡放入雞腿肉，煮滾後，轉小火，再加入鹽＆黑胡椒調整味道，盛碗，也可以加入一點黃芥末籽醬會更好吃喔！

雞胸&芹菜茄汁湯

接下來介紹健康的湯。通常用雞胸肉做出來的料理，口感容易變乾與變柴，也怕有太重的雞肉腥味。這次我選擇用白酒和香草把雞肉醃過之後再煮，讓它們都吸入白酒和香草的香味，就會變得非常好吃。以番茄做湯底，再加入芹菜，味道非常清爽。也可以再加入通心粉，吸收湯汁，吃起來更有滿足感！

材料
Ingredients

洋蔥 *Onion* 1/4個　　　　　　　白酒 *White wine* 2大匙
芹菜 *Celery* 30*g*　　　　　　　雞高湯 *Chicken broth* 500*cc*
紅蘿蔔 *Carrot* 20*g*　　　　　　鹽＆黑胡椒 *Salt Black pepper* 適量
水煮番茄 *Canned Tomato* 200*g*　巴西里 *Parsley* 少許
雞胸肉 *Chicken breast* 1片　　　起司粉 *Parmesan cheese* 適量
百里香 *Thyme* 1把

1
洋蔥、芹菜、紅蘿蔔切成薄片；水煮番茄放入果汁機打成泥。

2
把雞胸肉切成容易吃的大小。

3
雞胸肉撒入一點百里香，或其他乾燥的綜合香草，再倒入白酒拌一拌，醃5分鐘左右。

※ 這樣醃可以加入多一層葡萄酒風味，同時也可以去掉腥味！

4
鍋子裡倒入一點油，開中火，放入蔬菜，炒到洋蔥變透明。

5
倒入打成泥的番茄。

6
加入百里香，或乾燥的綜合香草。

7
倒入雞高湯，加入鹽＆黑胡椒調整味道，保持小滾，煮到紅蘿蔔變軟。

8
放入雞胸肉煮到熟，盛盤，上面撒入切成末的巴西里、起司粉即可。

※ 要注意雞胸肉不要煮太久，煮到熟後，要馬上熄火喔！

濃郁雞翅湯

利用雞翅本身濃郁風味做出來的湯非常好喝。只要將雞翅表皮煎到金黃色，就會香氣四溢，加入白蘿蔔一起煮，白蘿蔔吸收了雞翅的風味會更入味，味道真的很棒！這道湯品很適合冬天喝，因為含有薑＆蔥，喝完後，身體會變暖，再搭配清酒，就可以享受深夜食堂的氣氛。

材料 Ingredients

白蘿蔔 *Daikon* 50*g*
薑 *Ginger* 10*g*
蔥 *Green onion* 1支
雞翅 *Chicken wings* 5～6片
水*or*雞高湯 *Water or Chicken broth* 500*cc*

砂糖 *Sugar* 1/2小匙
麻油 *Sesame oil* 少許
醬油 *Soy sauce* 1/2小匙
鹽＆黑胡椒 *Salt Black pepper* 適量

1 白蘿蔔、薑切成薄片；蔥白色部分斜切，綠色部分切成丁。

2 為了好入味，將雞翅的內側中間切開。

3 表面均等撒入鹽（份量外）。

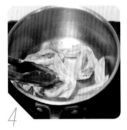

4 取一鍋，開中火，放入雞翅，煎到兩面表皮都變金黃色。

5 放入蔥白、薑片與白蘿蔔，炒到蔥白變成半透明。

6 倒入水or雞高湯，開中火。

7 把表面的泡泡撈出來。

8 加入全部的調味料，保持小火，繼續煮到雞翅熟，盛碗，上面撒入一點蔥花就完成了！

雞腿奶油湯

| Curry Butter Cream Soup |

接下來介紹印度式的美味料理。印度料理的特色就是會用到很多種類的香料，做出各種不同口味的料理。這道我之前在加拿大時吃過，它叫Butter Chicken，特色是咖哩和茄汁混合做出來的口味，不算咖哩，也不算茄汁料理。若再加入鮮奶油和奶油，整個味道會變得非常溫和濃郁，搭配白飯與麵包都很適合。

份量 **1** 人份　　烹調時間 **15** 分鐘　　難易度 ★

水煮番茄 *Canned tomato* 200*g*

洋蔥 *Onion* 1/4個

薑 *Ginger* 5*g*

蒜頭 *Garlic* 2瓣

雞腿肉 *Chicken thigh* 1支

無糖優格 *Plain yogurt* 50*g*

咖哩粉 *Curry powder* 1/2大匙

咖哩粉 *Curry powder* 1大匙

雞高湯 *Chicken stock* 150*cc*

紅糖 *Brown sugar* 1/2大匙

鹽 *Salt* 1/4小匙

醬油 *Soy sauce* 1/2大匙

奶油 *Butter* 15*g*

鮮奶油 *Whipping cream* 50*cc*

1

把水煮番茄打成泥；洋蔥、薑、蒜頭切成末；雞腿肉切成容易吃的大小。

❋ 用新鮮的牛番茄或小番茄代替也可以，直接打成泥就好了！

2

把雞腿肉、無糖優格、1/2大匙的咖哩粉混合，醃至少15分鐘。

❋ 優格的酵素會軟化雞腿肉，前一天晚上先處理也可以。

3

鍋子裡倒入一點油，開中火，放入洋蔥、薑、蒜頭，炒到洋蔥變透明。

4

加入1大匙咖哩粉，炒到香味出來。

5

倒入番茄泥。

6

再倒入雞高湯。

7

放入醃好的雞腿肉混合好，煮滾後，轉小火。

8

加入紅糖、鹽與醬油，繼續煮約15分鐘，或至雞腿肉熟。

9

加入奶油。

❋ 奶油可以中和番茄的酸味，也可以增添濃郁味！

10

如果想讓奶味更濃郁，可以加入鮮奶油，煮一下就可以熄火，搭配麵包一起吃超級好吃喔！

馬鈴薯燉肉湯

很多人都認識這道料理,其實它也可以當成湯品。這次特別用燜燒鍋來做,利用燜燒鍋的好處是不用一直顧著火,也可以省下瓦斯費。將處理好的食材加熱一下後,放入燜燒鍋的保溫容器裡,就可以享受很入味的美味料理!

材料
Ingredients

豬肉片 *Sliced pork* 300g
紅蘿蔔 *Carro* 50g
馬鈴薯 *Potato* 2個
洋蔥 *Onion* 1/2個
豌豆 *Snap peas* 4片

蒟蒻片 *Konjac* 100g
砂糖 *Sugar* 1小匙
清酒 *Sake* 1大匙
日式高湯 *Dash* 600cc
清酒 *Sake* 4大匙

味醂 *Mirin* 3大匙
砂糖 *Sugar* 1.5大匙
醬油 *Soy sauce* 2大匙

🕐 份量 **1** 人份 　　　🕐 烹調時間 **15** 分鐘 　　　◉ 難易度 ★

1 豬肉片切成容易吃的大小;紅蘿蔔、馬鈴薯切成小塊;洋蔥切成薄片;豌豆汆燙好。

2 蒟蒻片用湯匙挖成小塊。

❋ 這樣表面會凹凸不平,比較容易入味!

3 把蒟蒻片汆燙、沖洗,去掉腥味。

4 豬肉片裡放入砂糖、1大匙清酒混合好,醃約15分鐘。

❋ 加入清酒可以去掉腥味,而加入糖口感會比較軟。

5 這次使用燜燒鍋。內鍋裡倒入一點油,開中火,放入紅蘿蔔、洋蔥、蒟蒻,炒到洋蔥變透明。

6 放入馬鈴薯拌一拌。

7 放入豬肉片,繼續炒到變色。

8 倒入日式高湯。

9 加入4大匙清酒、味醂、砂糖與醬油調味。

10 煮滾後,轉小火,繼續煮約8分鐘後,熄火,鍋蓋蓋起來。

❋ 如果用一般的鍋子的話,繼續煮到紅蘿蔔熟。

11 放在燜燒鍋的保溫容器裡。

12 鍋蓋蓋起來,繼續燜約30分鐘後,盛碗,放入汆燙好的豌豆即可。

❋ 用燜燒鍋的話,不用一直開火,只要燜到喜歡的熟度,就可以食用。

| Meat Balls Tomato Soup |

義式肉丸茄汁湯

我知道中式料理有一道料理叫「紅燒獅子頭」。這次介紹的不是用那麼大塊肉做出來的料理，而是做成一小口很容易吃的丸子。將準備好的茄汁湯頭裡，加入捏好的絞肉丸煮一下，就會溢出美味的肉汁喔！或放入煮好的義大利麵，做成Soup Pasta，也是一項不錯的選擇。

🕐 份量 **1** 人份　　🕐 烹調時間 **25** 分鐘　　⊙ 難易度 ★★

洋蔥 *Onion* 1/2個
蒜頭 *Garlic* 2瓣
百里香 *Thyme* 1把
小番茄 *Cherry tomatoes* 200*g*
洋蔥丁 *Onion chopped* 2～3大匙
雞高湯 *Chicken broth* 300*cc*
砂糖 *Sugar* 1小匙
鹽＆黑胡椒 *Salt Black pepper* 適量
豬絞肉 *Ground pork* 200*g*
鹽＆黑胡椒 *Salt Black pepper* 適量
番茄醬 *Ketchup* 1/2大匙
*Tabasco*醬 *Tabasco sauce* 適量
巴西里 *Parsley* 少許

1 把洋蔥、蒜頭切成丁；香草這次選用百里香。

2 把小番茄放入果汁機打成泥。

3 取一鍋，開中火，加入一點油，放入2～3大匙的洋蔥丁，炒到洋蔥變透明。

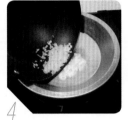

4 炒好後，倒出來冷卻。

5 溫鍋子裡倒入一點油，開中火，放入洋蔥、蒜頭，炒到洋蔥變透明。

6 倒入番茄泥、雞高湯煮滾後，轉小火。

7 放入百里香、砂糖、鹽＆黑胡椒。

8 將冷卻過的洋蔥、豬絞肉、鹽＆黑胡椒混合好。

9 用湯匙把豬絞肉捏成小球，放入鍋子裡。

10 保持小滾煮約10分鐘，或到豬肉丸熟，加入一點番茄醬、Tabasco醬，就可以享受更豐富的湯！盛盤，再放入巴西里就完成了！

| Beer Stewed Pork |

豬肉黑啤酒燉煮湯

 利用黑啤酒也可以做好喝的湯。通常聽到黑啤酒，大家應該只會怕它的苦味，如果參考這道做法的話，保證會把黑啤酒的苦味去除，還也可以享受到麥香味。若把肉塊用黑啤酒醃過會更美味，利用它的黑啤酒酵素可以嫩化肉質，也能去掉腥味。來吧！請大家享受香香嫩嫩的豬肉美味湯！

份量 **1** 人份　　　烹調時間 **20** 分鐘　　　難易度 ★☆☆

材料 Ingredients

洋蔥 _Onion_ 1/2個　　　　紅＆黃甜椒 _Red Yellow bell pepper_ 各半個　　　迷迭香 _Rosemary_ 1支
芹菜 _Celery_ 40g　　　　花椰菜 _Broccoli_ 5～6個　　　　　水 _Water_ 600cc
蒜頭 _Garlic_ 3瓣　　　　鴻禧菇 _Shimeji mushrooms_ 1包　　　黑糖 _Brown sugar_ 2大匙
高麗菜 _Cabbage_ 3～4張　　豬肉 _Pork_ 400g　　　　　　　鹽＆黑胡椒 _Salt Black pepper_ 適量
培根 _Bacon_ 3片　　　　黑啤酒 _Dark beer_ 1罐（350ml）　　巴西里 _Parsley_ 少許

1 洋蔥、芹菜、蒜頭、高麗菜、培根、紅＆黃甜椒、花椰菜都切成小塊；鴻禧菇剝成小塊；豬肉切成容易吃的大小。

2 豬肉裡倒入一點黑啤酒，醃約15分鐘。

＊ 利用啤酒的酵素可以軟嫩化肉，也可以去掉腥味。

3 這次用燜燒鍋。內鍋裡倒入一點油，開中火，放入洋蔥、芹菜、蒜頭，炒到洋蔥變透明。

4 放入培根、迷迭香，炒到香味出來，再放入鴻禧菇、高麗菜，炒到高麗菜變軟。

5 放入醃好的豬肉，炒到變色。

6 倒入剩下的黑啤酒＆水。

7 加入黑糖、鹽＆黑胡椒調整味道，煮滾後，轉小火，繼續煮約8分鐘。

＊ 如果用一般的鍋子的話，繼續煮到喜歡的豬肉口感。

8 放在燜燒鍋的保溫容器裡。

9 鍋蓋蓋起來，繼續燜約30分鐘，取出。

＊ 用燜燒鍋的話，不用一直開火，只要燜到喜歡的熟度，就可以食用！

10 放在瓦斯爐上再加熱一下，加入紅＆黃甜椒、花椰菜煮一下，就可以熄火，盛碗，放入巴西里。

＊ 因為要留這些蔬菜的顏色，最好等其他的材料都煮好後放入再加熱即可。

| Beef Tendon Wafu Soup |

牛腱和風清湯

用牛肉做成的湯，最好選用適合燉煮的部位，如：牛肋條、牛腩或牛腱。我個人喜歡燉到用筷子容易插入的程度。如果用燜燒鍋的話，放入保溫容器裡，更容易做出來。味道是很清爽的和風味，喝起來也完全不會膩喔！

🕐 份量 **1** 人份　　🕐 烹調時間 **40** 分鐘　　▲ 難易度 ★ ★ ★

牛蒡 *Burdock root* 100g
白蘿蔔 *Daikon* 400g
蔥 *Green onion* 1～2支
蒜頭 *Garlic* 3瓣
薑 *Ginger* 10g
牛腱 *Beef shank* 400g
牛高湯 or 雞高湯
Beef broth or Chicken broth 700cc
清酒 *Sake* 100cc
砂糖 *Sugar* 1大匙
醬油 *Soy sauce* 1大匙
鹽 *Salt* 1/2小匙

1

牛蒡、白蘿蔔滾刀切塊;蔥切成段;蒜頭、薑切成薄片。

2

把牛腱切成容易吃的大小。

＊ 可以用喜歡的部位,牛腩、牛肋條也很適合。

3

切好的牛腱汆燙一下,沖洗去掉腥味。

4

如果不習慣牛蒡、白蘿蔔的土味,先汆燙也可以。

＊ 如果可以直接用的話,跳過這個做法。

5

這次燜燒鍋。內鍋裡倒入牛高湯or雞高湯,開中火,放入蔥、蒜頭、薑。

6

加入牛腱。

7

加入牛蒡、白蘿蔔滾後,轉小火。

8

放入清酒、砂糖、醬油、鹽調整味道。

9

繼續煮約10分鐘後,熄火,鍋蓋蓋起來。

＊ 如果用一般的鍋子的話,可以將牛腱繼續煮到自己喜歡的程度。

10

放在燜燒鍋的保溫容器裡,鍋蓋蓋起來,繼續燜約30分鐘,盛碗,再放入汆燙好的豌豆即可。

＊ 用燜燒鍋的話,不用一直開火,只要燜到喜歡的熟度,就可以食用!

| Wafu Seafood Tomato Soup |

海鮮和風茄汁湯

和風口味不一定以醬油為主。這次介紹的湯原本是南法料理,有用到幾種海鮮和番茄風味的湯。其實茄汁湯也可以做成和風口味,因為湯裡含有很多海鮮風味,吃完海鮮後,可以加入白飯,做成雜炊也很好吃喔!

材料 Ingredients

水煮番茄 *Canned tomato* 200g
洋蔥 *Onion* 1/4個
紅蘿蔔 *Carrot* 20g
蒜頭 *Garlic* 2～3粒
紅蔥頭 *Shallot* 2～3瓣
中卷 *Squid* 1/2隻
蛤蜊 *Clams* 10顆

白酒或清酒 *White wine or Sake* 100cc
日式高湯 *Dashi* 500cc
蝦仁 *Peeled prawns* 8粒
醬油 *Soy sauce* 1小匙
鹽&黑胡椒 *Salt Black pepper* 適量
秋葵 *Okura* 2～3根

1
水煮番茄打成泥；洋蔥、紅蘿蔔切成末；蒜頭、紅蔥頭切成薄片；中卷切成容易吃的大小；蛤蜊吐砂。

※ 可以用新鮮的番茄。

2
鍋子裡加入一點油，開中火，放入切好的菜（不含秋葵），炒到香味出來。

3
倒入白酒或清酒。

4
放入打成泥的番茄。

5
倒入日式高湯。

※ 用海鮮高湯也可以。

6
煮滾後，放入中卷、蛤蜊、蝦仁，繼續煮到蛤蜊都有開後，熄火。

※ 海鮮不要煮太久喔！

7
加入醬油、鹽&黑胡椒調整味道。

8
最後放入汆燙過切成小塊的秋葵，就可以盛盤了！

| Clams & Potato Soup |

蛤蜊＆馬鈴薯清湯

馬鈴薯很能吸收味道，所以利用它的特色做出很有滿足感的湯。把蛤蜊煮開，抽出海鮮汁，再加入馬鈴薯煮一煮，吃的時候，每一口都會有滿滿的蛤蜊風味，加上湯底是清湯，所以喝起來不會有黏黏的濃稠感。當天氣很冷的時候，一定要來試試看喔！

份量 **1** 人份　　烹調時間 **20** 分鐘　　難易度 ★ ☆ ☆

材料
Ingredients

蛤蜊 *Clams* **300g**
蒜頭 *Garlic* **2～3瓣**
馬鈴薯 *Potato* **1個**
白酒 *White wine* **50cc**
海鮮高湯 *Fish broth* **500cc**
鹽＆黑胡椒 *Salt Black pepper* 適量
巴西里 *Parsley* 少許

1 蛤蜊吐砂；蒜頭切成薄片；馬鈴薯切成小塊。

2 鍋子裡倒入一點油，放入蒜頭，開中火，炒到香味出來。

3 放入蛤蜊拌炒一下。

4 倒入白酒。
☀ 用清酒代替也可以。

5 鍋蓋蓋起來，繼續加熱到蛤蜊全部開。

6 熄火，取出蛤蜊。

7 倒入海鮮高湯。
☀ 用日式高湯代替也可以！

8 放入馬鈴薯，開中火，煮滾後，轉小火，煮到馬鈴薯變熟。

9 加入鹽＆黑胡椒調整味道。

10 把熟的蛤蜊倒回煮一下後，熄火，盛盤，撒入一點巴西里末就完成了！

Dear, would you like some soup?

醇厚濃郁，
暖心又暖胃的
濃湯

PART 5

ポタージュ
＆チャウダー

濃湯
ボタージュ &
チャウダー

鴻禧菇濃湯

| Shimeji Mushrooms Potage |

如何做成濃湯？通常會用到兩種方法：把蔬菜打成泥做出稠度，或用麵粉做成白醬的湯底後，再放入食材。這兩種湯都很好喝，而菇類是其中很適合的食材之一，只要把香菇打成泥，破壞蔬菜的組織，提出更多的香味，再將鴻禧菇炒到香味出來後，倒入其中，就是非常好喝的濃湯了。

材料
Ingredients

洋蔥 *Onion* 1/4個
鴻禧菇 *Shimeji mushrooms* 200g
豌豆 *Snap peas* 4片
奶油 *Butter* 1小匙

雞高湯 *Chicken broth* 200*cc*
鮮奶油 *Whipping cream* 200*cc*
鹽＆黑胡椒 *Salt Black pepper* 適量

1

洋蔥切成薄片；鴻禧菇根的部分切掉後，剝成小塊；豌豆汆燙好。

✳ 菇類可以用不同種類的喔！

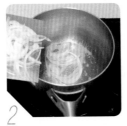

2

鍋子裡放入奶油，開中火，放入洋蔥，炒到洋蔥變透明。

3

放入鴻禧菇，繼續炒到香味出來。

4

倒入雞高湯煮滾後，轉小火，繼續煮3～4分鐘。

5

煮好的做法4放入果汁機裡打成泥。

✳ 請注意！熱的液體打成泥容易噴出來，所以要用慢速處理喔！

6

打到喜歡的狀態後，倒入鍋子裡。

✳ 打到很細或有一些顆粒都OK。

7

倒入鮮奶油，開中火。

8

煮滾後，熄火，加入鹽＆黑胡椒調整味道，盛碗，放入切成小塊的豌豆，或淋入一點橄欖油也很香喔！

馬鈴薯&菠菜濃湯

| Potato & Spinach Potage |

馬鈴薯濃湯算是我最早學會的蔬菜濃湯。不管做成一般的濃湯，或冷製的湯都很適合食用。一般這種用澱粉類做出的湯，口感會比較容易變成黏黏的，所以另外加入了青菜，如菠菜，可以讓口感更清爽，也會呈現漂亮的綠色喔！

🕐 份量　**1**　人份　　🕐 烹調時間　**15**　分鐘　　⚠ 難易度　★

馬鈴薯 Potato **1**個
洋蔥 Onion **1/4**個
菠菜 Spinach **2**把
奶油 Butter **1**小匙
雞高湯 Chicken broth **200～300**cc
牛奶 Milk **200**cc
起司粉 Parmesan cheese **1**大匙
鹽＆黑胡椒 Salt Black pepper 適量

1
馬鈴薯切成薄片後，
泡水去掉澱粉；洋蔥
切成片薄片；菠菜洗
好。

2
把菠菜汆燙後，冷
卻。

3
冷卻後，擠出多餘的
水分後，切成小塊。

4
鍋子裡加入奶油，開
中火，放入洋蔥炒到
透明。

5
放入馬鈴薯炒一下。

6
倒入雞高湯，煮滾
後，轉小火，煮到馬
鈴薯變軟。

❋ 高湯的份量要看喜
好要濃的或稀一點
的，可以自己調整
喔！

7
把菠菜、馬鈴薯（連
湯汁）放入果汁機打
成泥。

8
打好的菠菜、馬鈴薯
泥倒入鍋子裡。

9
倒入牛奶煮滾，熄
火。

❋ 因為有澱粉，煮太
久，鍋子底部容易
焦喔！

10
加入起司粉、鹽＆黑
胡椒調整味道，就可
以盛碗，或淋入一點
鮮奶油也很好喝！

| Gobo Cream Potage |

養生牛蒡濃湯

這道聽起來可能會覺得怪怪的，但是用這些根菜類做出濃湯也很適合。之前介紹過紅蘿蔔，還有甜菜根的湯，顏色都很漂亮。雖然牛蒡沒有像紅蘿蔔或甜菜根那麼漂亮的顏色，但營養很豐富。通常這樣處理牛蒡的話，牛蒡本身的土味就不會過重。如果平常不習慣吃牛蒡的話，可以用這種方式試試看喔！

🕐 份量　**1**　人份　　🕐 烹調時間　**25**　分鐘　　⊛ 難易度　★ ☆ ☆

材料
Ingredients

牛蒡 _Burdock root_ 80g＋20g（牛蒡酥片）
洋蔥 _Onion_ 1/4個
雞高湯 _Chicken broth_ 200cc
牛奶 _Milk_ 300cc
鹽＆黑胡椒 _Salt Black pepper_ 適量

1

把80g牛蒡切成薄片，還有20g牛蒡切成更薄的薄片。為了防止氧化，將兩種牛蒡片都泡在水裡約5～10分鐘。

☀ 20g的牛蒡是要炸的，盡量切成很薄＆均等的厚度。

2

鍋子裡倒入一點油，開中火，放入切成薄片的洋蔥，炒到洋蔥變透明。

3

放入80g普通厚度的牛蒡，炒到香味出來。

4

倒入雞高湯，煮滾後，轉小火，繼續煮到牛蒡變軟。

5

煮牛蒡的時候，可以準備酥炸牛蒡片！將另外20g泡過水的牛蒡薄片放在紙巾上，吸取多餘的水分。

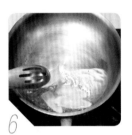

6

鍋子裡倒入油，開中小火，慢慢放入牛蒡炸成金黃色。

☀ 溫度不用太高，用低溫（約160℃）慢慢炸喔！

7

炸好放在紙巾上，吸取多餘的油分，再撒入一點鹽。

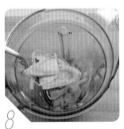

8

將做法4煮到軟的牛蒡放入果汁機裡打成泥。

9

倒入鍋裡，開中火。

10

倒入牛奶煮滾後，熄火，加入鹽＆黑胡椒調整味道即可。

| Broccoli & Cheese Potage |

花椰菜＆起司濃湯

用花椰菜也可以做出很好喝的湯！先準備滑潤濃郁口感的白醬湯底，再放入切成末的花椰菜，脆脆的口感喝起來很有滿足感。再加入起司粉就可以多一層香味喔！另外和麵包一起當成早餐也很適合！

⏱ 份量 **1** 人份	⏱ 烹調時間 **10** 分鐘	▲ 難易度 ★

材料
Ingredients

洋蔥 *Onion* 1/4個
花椰菜 *Broccoli* 1把
奶油 *Butter* 20*g*
高筋麵粉 *Bread flour* 30*g*
牛奶 *Milk* 500*cc*
起司粉 *Parmesan cheese* 1～2大匙
鹽 & 黑胡椒 *Salt Black pepper* 適量
辣椒粉 *Chili powder* 少許

1
洋蔥切成薄片；花椰菜切成小塊。

2
把花椰菜氽燙後，冷卻。

3
冷卻好後，切成丁。

4
鍋子裡放入奶油，開中火，放入洋蔥，炒到洋蔥變透明後，熄火。

❈ 用無鹽奶油。

5
放入高筋麵粉。

❈ 高筋或低筋麵粉都可以。

6
攪拌一下，確認麵粉、奶油、洋蔥都混合好。

7
倒入牛奶攪拌好，確認麵糊都溶化後，開中火。

❈ 如果麵糊沒有完全溶化，開火煮的時候容易結塊！

8
一直攪拌，繼續煮到凝固化。

❈ 鍋底容易焦，要注意看喔！

9
凝固好後，轉小火，放入花椰菜混合好。

10
加入起司粉、鹽 & 黑胡椒調整味道後，盛碗即可。如果要食用的話，可以撒入一點辣椒粉喔！

| Seafood Chowder |

海鮮巧達濃湯

 這本書已經介紹過好幾種海鮮湯，都有各種不同的風味，但做海鮮湯一定要有傳統的海鮮巧達湯才是王道。用白酒燜過的海鮮非常香，連同海鮮湯汁一起倒入白醬裡，白醬的奶味和海鮮的精華會變成很棒的組合。另外可以沾著麵包一起吃也很好吃喔！

🕐 份量 **1** 人份　　🕐 烹調時間 **15** 分鐘　　🔺 難易度 ★ ☆ ☆

材料
Ingredients

洋蔥 *Onion* **1/4**個
毛豆 *Edamame* **20**g
中卷 *Squid* **1/2**隻
奶油 *Butter* **20**g
高筋麵粉 *Bread flour* **30**g
牛奶 *Milk* **500**cc
蛤蜊 *Clams* **6～8**顆
蝦仁 *Peeled prawns* **4**粒
白酒 *White wine* **50**cc
鹽＆黑胡椒 *Salt Black pepper* **適量**
起司粉 *Parmesan cheese* **1**大匙
辣椒粉 *Chili powder* **少許**

1　洋蔥切成薄片；毛豆汆燙好；中卷切成容易吃的大小。

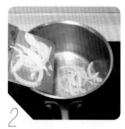

2　鍋子裡放入奶油，開中火，放入洋蔥，炒到洋蔥變透明後，熄火。

3　放入高筋麵粉，攪拌一下，確認高筋麵粉、奶油、洋蔥都混合好。

4　倒入牛奶攪拌好，確認高筋麵糊都溶化後，開中火。

❉ 如果麵糊沒有完全溶化，開火煮的時候很容易結塊！

5　一直攪拌，繼續煮到凝固化。

❉ 鍋底容易焦，要注意看喔！

6　平底鍋倒入一點油，開中火，放入蛤蜊炒一下後，放入中卷、蝦仁。

7　倒入白酒。

❉ 用清酒代替也可以。

8　鍋蓋蓋起來，煮到蛤蜊全部開口。

9　把海鮮全部倒入做法5裡混合好，再開中火。

10　加入毛豆、鹽＆黑胡椒、起司粉調整味道，盛碗。食用的時候，可以撒入一點辣椒粉喔！

Chicken Miso Chowder

雞肉味噌巧達濃湯

巧達湯的調味法,基本上是加入鹽和黑胡椒,也可以加入起司粉,就多了一層成熟的風味,這種發酵食品和奶醬基本上是很好的組合。這次選味噌調味湯,味噌本身含有很多Umami,不只可以做成味噌湯,也可以應用在很多西式料理中。

份量 **1** 人份　　烹調時間 **15** 分鐘　　難易度 ★

材料
Ingredients

培根 *Bacon* 2片
洋蔥 *Onion* 1/4個
秋葵 *Okura* 3～4根
紅蘿蔔 *Carrot* 20g
雪白菇 *White shimeji mushrooms* 1包
雞肉 *Chicken thigh* 1片
鹽＆黑胡椒 *Salt Black pepper* 適量
高筋麵粉 *Bread flour* 1～2大匙
水 *Water* 200cc
牛奶 *Milk* 300cc
味噌 *Miso* 1大匙
起司粉 *Parmesan cheese* 2大匙

1
培根、洋蔥、汆燙過的秋葵切成小塊；紅蘿蔔滾刀切大塊；雪白菇剝成小塊；雞肉切成容易吃的大小。

2
雞肉表面撒入鹽＆黑胡椒，平均沾上高筋麵粉。

3
鍋子裡倒入一點油，開中火，放入沾好高筋麵粉的雞肉，煎到表面變金黃色。

4
為了防止煮過頭，先取出雞肉。

5
同一鍋子放入切好的蔬菜（除了秋葵），炒到洋蔥變透明。

6
倒入水。

❋ 用雞高湯代替也可以！

7
倒入牛奶，煮滾後，轉小火，繼續煮到紅蘿蔔變軟。

8
把雞肉倒回去再煮。

9
確認雞肉已經熟後，熄火，放入味噌，起司粉、鹽＆黑胡椒調整味道。

❋ 味噌也可以用西京味噌。

10
最後放入秋葵拌一拌就完成了！

濃郁黃豆泥湯

Soy Beans Potage

用黃豆打成泥做出來的濃湯感覺有一點像豆漿，但這次介紹的調味做法會比較西式的，口感也比豆漿還濃稠。如果不太喜歡喝馬鈴薯蔬菜泥之類的湯，這種濃湯就比較適合，少了一些澱粉，多吃好的蛋白質，就可以過健康的飲食生活。

🕐 份量 **1** 人份	🕐 烹調時間 **30** 分鐘	▲ 難易度 ★

材料
Ingredients

黃豆（泡水一個晚上）*Dried soy beans soak over night* **100**g
金針菇 *Enoki mushrooms* **1/2**包
洋蔥 *Onion* **1/4**個
奶油 *Butter* **2**小匙
雞高湯 *Chicken broth* **400**cc
鹽＆黑胡椒 *Salt Black pepper* **適量**
巴西里 *Parsley* **少許**

1

把黃豆泡一個晚上；
金針菇切成小塊；洋
蔥切成薄片。

2

鍋子裡放入奶油，開
中火，放入洋蔥、金
針菇，炒到洋蔥變透
明。

3

放入泡過的黃豆炒一
下。

4

倒入雞高湯煮滾後，
轉小火，繼續煮到黃
豆變軟。

※ 用蔬菜高湯代替也
可以！

5

把做法4 放入果汁機
打成泥。

6

打好的黃豆泥倒入鍋
子裡。

7

果汁機裡倒入一點高
湯或水（材料外）沖
乾淨。

※ 稠度可以自己調
整，做成濃稠狀，
可以和麵包一起沾
醬也很好吃！

8

再次煮滾後，熄火，
加入鹽＆黑胡椒調整
味道，盛碗，放入巴
西里即可。

※ 上面淋一點橄欖油
也很香！

牛肉球巧達濃湯

 這道原本的想法是從漢堡排而來的，把漢堡排煎好後，放入準備好的白醬裡繼續燉煮到入味。但這次準備的漢堡餡比較簡單，只要捏成小塊，放入巧達湯底裡燉煮，肉球的Juicy口感搭配滑潤順口的湯一起喝，真的很有滿足感！

份量 **1** 人份　　烹調時間 **25** 分鐘　　難易度 ★★

材料 Ingredients

牛絞肉 *Ground beef* 200g
洋蔥 *Onion* 1/8個
紅蘿蔔 *Carrot* 20g
鴻禧菇 *Shimeji mushrooms* 50g
洋蔥 *Onion* 1/4個
花椰菜 *Broccoli* 1/2把
奶油 *Butter* 20g
高筋麵粉 *Bread flour* 30g
牛奶 *Milk* 500cc
鹽＆黑胡椒 *Salt Black pepper* 適量
起司粉 *Parmesan cheese* 1大匙

1

和牛絞肉混合的洋蔥（1/8個）切成丁；紅蘿蔔切成小薄片；鴻禧菇剝成小塊；洋蔥（1/4個）切成薄片；花椰菜汆燙。

2

鍋子裡倒入奶油，開中火，放入切成薄片的洋蔥、紅蘿蔔、鴻禧菇，炒到洋蔥變透明。

3

轉小火，放入高筋麵粉。

4

攪拌混合好後，熄火。

5

倒入牛奶攪拌好，確認高筋麵糊都有溶化後，開中小火，煮到稠度出來後，熄火。

※ 如果高筋麵粉沒有溶化，鍋底會容易焦，要注意看喔！

6

牛絞肉裡加入鹽＆黑胡椒、洋蔥丁混合好。

7

捏成小圓形，平均沾上高筋麵粉（材料表外）。

8

取一平底鍋，倒入一點油，開中火，放入牛肉球，煎到表面變成金黃色。

※ 因為還要放到湯底裡煮，不用煮到熟喔。

9

煎好的牛肉球放入做法5，開中小火，煮到肉熟。

10

加入起司粉、鹽＆黑胡椒，調整味道，放入花椰菜煮一下，就可以盛碗囉！

| Sweet Potato Potage |

地瓜濃湯

接下來介紹利用日本黃地瓜做出來的天然甜味濃湯。一般這類的地瓜含有極少的水分，甜度很高，吃起來有很濃縮的風味。加熱後，變成金黃色的湯，非常吸引人，和麵包一起搭配很適合當成早餐，或放入一些湯圓，做成甜點也很適合。

材料
Ingredients

日本黃地瓜 *Japanese sweet potatoes* **200***g*
牛奶 *Milk* **300***cc*
鹽＆黑胡椒 *Salt Black pepper* 適量
黑芝麻 *Black sesame* 少許

● 酥片地瓜
日本黃地瓜 *Japanese sweet potatoes* **20***g*

🕐 份量　**1**　人份　　🕐 烹調時間　**15**　分鐘　　▲ 難易度　★

地瓜湯

1

這次用到日本的黃地瓜，它水分不多，但有濃郁的甜味。

✳ 可以用一般超市賣的黃地瓜代替喔！

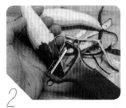

2

洗乾淨後，削皮。

3

切成容易處理的大小。

4

放入蒸籠蒸到熟。

✳ 加熱的方式用微波爐、電鍋，看各位方便的就好了。

5

將蒸到熟的地瓜後，放入鍋子裡。

✳ 如果要用果汁機打的話，可以和牛奶一起打成泥就好了！

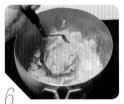

6

用壓碎器做成泥。

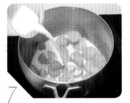

7

倒入牛奶調整稠度。

8

怎麼調味都可以，做成鹹味加入鹽&黑胡椒也OK，要做成甜點湯的話，只要補上一點糖，撒上酥片地瓜、黑芝麻就完成了。

酥片地瓜

1

如果要配酥片地瓜的話，可以參考這個做法，連皮把日本黃地瓜切成薄片。

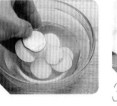

2

泡水去掉多餘的澱粉。

放在紙巾上，吸取多餘的水分。

3

鍋子倒入一點油，開中小火，放入日本黃地瓜片，保持低溫慢慢炸到淡金黃色。

4

5

炸好取出，放在紙巾吸取多餘的油分就完成了。另外也可以放在地瓜湯上面喔！

Matcha Au Lait with Dumplings

糰子抹茶歐蕾湯

如何利用抹茶做出美味的日式歐蕾呢？當買了一罐抹茶粉時，不知道如何應用在許多甜點或料理就很適合。不只可以泡茶喝，也可以做出很多美味的點心。雖然很多人都怕抹茶的苦味，其實苦味很容易解決，只要加入牛奶就有中和的效果，而且顏色可以更有層次！這次我加入了糰子，把它變成可以享受QQ口感的美味和風點心！

份量 **1** 人份　　　烹調時間 **15** 分鐘　　　難易度 ★ ☆ ☆

材料
Ingredients

糯米粉 *Glutinous rice flour* **100***g*
砂糖 *Sugar* **10***g*
水 *Water* **70～80***cc*
牛奶 *Milk* **400***cc*
鮮奶油 *Whipping cream* **100***cc*
砂糖 *Sugar* **50***g*
抹茶粉 *Macha powder* **8***g*

1

先準備糰子，糯米粉裡加入砂糖混合好。

❋ 加入一點黑芝麻粉也很香喔！

2

倒入水。

❋ 先不要全部倒入，看麵糰的狀態，再調整水量。

3

混合好做成麵糰。

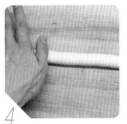

4

滾一滾，做成棒狀後，均等切成小塊。

5

捏成小圓形，中間壓凹一下。

6

放入滾水煮到浮上來。

7

放入水裡，可以防止互相黏在一起。

8

鍋子裡倒入牛奶、鮮奶油、砂糖，開中火。

9

小滾的時候，放入抹茶粉用攪拌器混合好。

10

放入糰子煮一下就完成了！

| Red Beans Soup with Mochi |

烤麻糬紅豆湯

這道湯品，是我小時候常常喝的。通常日本正月（過年）的時候，很多人會買麻糬，用錘子將它壓扁之後，放在烤網上，慢慢烤到膨脹，再放入已經準備好的紅豆湯裡一起吃，吃起來熱呼呼的。因為麻糬本身沒有什麼甜味，沾著紅豆湯一起吃，超級美味又可以讓身體變暖。天氣冷的時候，請務必一定要試著做看看喔！

| 份量 **1** 人份 | 烹調時間 **30** 分鐘 | 難易度 ★ |

材料
Ingredients

紅豆（泡水一個晚上）
Red beans soaked over night—100g
水 *Water* 適量
冰糖 *Crystal sugar*—60g
麻糬 *Mochi*—2顆

1
泡一個晚上的紅豆放入鍋裡。

2
倒入水，開中火，煮到滾後，轉小火。

3
第一次煮出來的水裡會有澀味。

4
煮約10分鐘後，把水倒掉，紅豆＆鍋子沖一下後，倒回去。

5
再倒入水，煮滾後，轉小火繼續煮。

6
煮到紅豆破開的狀態。

7
加入冰糖，繼續煮到糖全部溶化。

❋ 用冰糖口感會比較清爽。

8
煮到喜歡的的稠度後，熄火，盛碗。

❋ 水量可以自己調整，要濃一點或比較稀的湯！

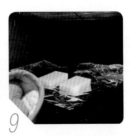

9
在煮湯的時候，可以先準備麻糬，把麻糬放入預熱好（上下火250℃）的烤箱，烤約6～8分鐘，或至表面呈金黃色。

❋ 時間是參考的，可以看麻糬的大小和厚度，自己再調整一下喔！

10
烤到金黃色就可以取出，把烤好的麻糬放在紅豆湯上面就可以開動！

泰式梅子風味酸辣湯

| Horse Mackerel Tsumire Soup |

這款湯裡有用到酸味&辣味。酸味的部分本來是用檸檬草，但若換成梅子看看味道怎麼樣……其實進去廚房時，我的心情有一點Blue……也有一點後悔，萬一效果不好，就要重新設計一款不同的料理了。沒想到，結果……OMG！太好喝了！和平常喝的泰式湯品非常像！想到梅子可以這樣應用實在太好了！當然您可以用傳統的檸檬草，因為後來發現台灣還滿容易買得到。就看您的需求了，總之不要Feeling Blue的樣子煮菜，開心料理最重要喔！

材料 Ingredients

蝦子（大） *Prawns (L)* 4隻
梅子 *Ume boshi* 2粒
　＊也可以用香茅 *Lemongras* 1支
香菜（莖） *Cilantro (stalks)* 1把
薑 *Ginger* 10g
鴻禧菇 *Shimeji mushrooms* 100g
水 *Water* 500cc
小番茄 *Mini tomato* 4個

調味料 Seasoning

魚露 *Fish sauce* 1大匙
醬油 *Soy sauce* 1/2大匙
砂糖 *Sugar* 1/2小匙
檸檬汁 *Lemon juice* 2大匙
鹽 *Salt* 適量
香菜（葉） *Cilantro (leaves)* 1把

1

蝦頭切掉，留帶殼的尾巴，用刀子直接從背部切開，把腸泥拿掉。

※ 頭部要熬湯，所以要留著喔！

2

梅子的籽拿出，打成泥。

※ 梅子？泰國料理？（?_?"）？沒錯！我要做有一點日的風格，所以用梅子代替檸檬草！

3

香菜（莖）切丁；薑切成薄片；鴻禧菇根切掉，剝小塊。

※ 菇類可以用自己習慣的種類喔。

4

鍋子裡裝水煮滾，加入蝦頭、薑片、鴻禧菇與香菜（莖）。

5

熬到水出現泡泡後，用篩網撈出來，再放入蝦子尾巴與小番茄。

※ 加入蝦子、小番茄後，不要煮太久，不然蝦子會煮到太硬，而且番茄的皮也會掉下來。

6

加入所有的調味料、梅子泥，煮到蝦子熟就可以熄火，再擺上香菜（葉）就完成了。

※ 味道可以依個人喜好調整喔！

| Horse Mackerel Tsumire Soup |

竹筴魚清湯

『つみれ』（Tsumire）的意思是用魚漿類做成的丸子。用新鮮的魚肉來做，沒有加入奇怪的食材，用原來的自然食材做成的丸子，真的非常好吃！雖然只是魚丸湯，也可以加入各式各樣的蔬菜，這樣吃起來更營養喔！也可以和花枝漿混合做成丸子也OK的。

這道料理也很適合當火鍋的湯底，這次我用了清湯，換成味噌口味也不錯，不但變化很多也非常好喝。參考這道食譜，就可以做出好幾種不同變化的料理呢！

材料
Ingredients

紅蘿蔔 *Carrot* 1/4根
牛蒡 *Burdock root* 1/8支
薑 *Ginger* 3～4片
金針菇 *Enoki mushrooms* 1/2包
水 *Water* 600cc
昆布 *Konbu* 5cm×3cm
清酒 *Sake* 25cc
鹽 *Salt* 1/2小匙
醬油 *Soy sauce* 1小匙

● 竹莢魚餡
竹筴魚 *Horse mackerel*—200g
青蔥 *Green onion*—1/2支
鹽 *Salt*—少許
味噌 *Miso*—20g
太白粉 *Potato starch*—10g
毛豆（燙過）*Steamed Edamame*—適量

1

把紅蘿蔔、牛蒡、薑切薄片；金針菇切段。

✻ 牛蒡泡在水裡約5分鐘，可以預防氧化喔！

2

鍋子裡倒入水與泡約10分鐘以上的昆布，再倒入清酒、鹽與醬油，放入切好的食材，開中火讓它滾後，轉小火，繼續煮到牛蒡變軟。

3

處理 [竹筴魚餡]。把竹筴魚、青蔥切丁後，
混合打成泥狀。

✳ 可以用自己習慣的白身魚，如：沙丁魚、鮭
魚都很適合。

4

加入鹽、味噌與太白粉混合拌好。

5

用手切成球狀。

6

放入鍋子裡，繼續煮到浮上來，然後將昆
布取出切絲，加入汆燙的毛豆加熱一下，
就可以裝碗喔～！

✳ 加入魚肉丸的時候，火不要太大，不然還沒
凝固，就煮碎了，要慢慢來喔！

索 引
[◎] Index

本書使用食材與相關料理一覽表 （不含一般調味料）

辛香料

其 他

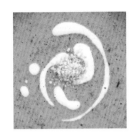

廚房Kitchen 0079

DEAR, MASA請你來喝湯！

一起來品嘗清甜的蔬菜湯、海鮮湯、味噌湯與醇厚鮮美的肉湯與濃湯吧！

作　　　者	MASA（山下 勝）
總 編 輯	鄭淑娟
行 銷 主 任	邱秀珊
業　　　務	趙曼弳
編　　　輯	歐子玲
封 面 攝 影	周禎和
美 術 設 計	行者創意
編 輯 總 監	曹馥蘭
場 地 提 供	手繹生活&廚藝
商 品 贊 助	台灣樂天市場股份有限公司
	金寶湯亞洲有限公司
	皇冠金屬工業股份有限公司（THERMOS 膳魔師 & 德國 BEKA）
	泰山企業股份有限公司

出 版 者	日日幸福事業有限公司
電　　　話	（02）2368-2956
傳　　　真	（02）2368-1069
地　　　址	106台北市和平東路一段10號12樓之1
郵 撥 帳 號	50263812
戶　　　名	日日幸福事業有限公司
法 律 顧 問	王至德律師
電　　　話	（02）2341-5833
發　　　行	聯合發行股份有限公司
電　　　話	（02）2917-8022
製　　　版	中茂分色製版印刷股份有限公司
電　　　話	（02）2225-2627
初 版 一 刷	2018年11月
定　　　價	230元

國家圖書館出版品預行編目資料

MASA請你來喝湯：一起來品嘗各式美味的蔬菜湯、味噌湯、海鮮湯、鮮肉湯與溫暖的濃湯吧！/ MASA著. -- 初版. -- 臺北市：日日幸福事業出版：聯合發行, 2018.11
面；　公分. --（廚房Kitchen；79）
ISBN 978-986-96886-5-9(平裝)

1.食譜 2.湯

427.1　　　　　　107107360

親手
廚藝

A Cooking Studio

for Joy of Cooking and Joy of Sharing

【 *Soi* 手繹廚藝與生活空間 】
A better venue for cooking,celebrating and sharing.
為您精心規劃各種關於烘焙的廚藝活動！

「chez soi」是 "回到一個自在的家" 之意，是我們的文化緣起，也是我們一直用心創造的
空間氣息與生活質感。

我們座落於有著數十年歷史的紅磚老屋，在這個包容力廣大的舒適空間，手繹融入了手作藝術
與日常美學，以美好食物與專業廚藝作為與您溝通的媒介，用心尋找生活中重要的幸福元素。

無論您來自哪裡，希望都能在此停下腳步，自由自在的學習、創作、分享、回味。
期待您來手繹，親手實作，屬於自己的美味。

www.soihome.com
台北市大同區承德路一段 78 號　02 2558 6628

A cooking studio in Taipei. People come to cook an array of foods, including baking breads and cakes.

MASAの推薦商品

日本樂天直送
一鍵到府

Energy系列
自然健康的烹調體驗
德國 BEKA 黑鑽陶瓷健康鍋

採用BEKA貝卡最新陶瓷塗層(貝卡耐Bekadur Dualforce)，比傳統不沾塗層效果更好，硬度加強，更加耐磨。
多款鍋型設計，提供您完美烹調出炙烤、乾煎肉類與魚類料理。

獨家專利塗層	絕佳熱傳導性	人體工學設計手把	健康無毒又環保

不沾效果佳 添加陶瓷更加耐磨	擁有絕佳導熱效果 料理省時又節能	涼感電木材質 好握、好拿、不燙手	採用對友善環保製程 減少50%二氧化碳排放

Energy 黑鑽陶瓷健康鍋

瓦斯爐　電爐

單柄平底鍋 24cm / 28cm

單柄附耳平底鍋 32cm

陶瓷爐面　電磁爐

適用電磁爐及
各種烹調熱源

單柄附耳炒鍋30cm

方形煎烤鍋 28 X 28cm

煎魚鍋 34 X 23cm

請洽皇冠金屬形象店及全國百貨公司BEKA貝卡直營專櫃/連鎖通路

BEKA 貝卡台灣區總代理
Grown
皇冠金屬工業股份有限公司

地址：104 台北市中山區復興南路一段 2 號 8F 之 1
消費者服務專線：0800-251-030

德國BEKA貝卡
台灣官網

德國BEKA貝卡
FB官方粉絲團

手機掃描 QR Code　手機掃描 QR Code

MASA老師

簡單料理 | 美味好幫手

普格番茄羅勒義大利麵醬

普格蘑菇義大利麵醬

金寶日式甜玉米湯

金寶日式奶油南瓜湯

史雲生無味精雞高湯

史雲生無味精蔬菜高湯

均衡369
健康調合油

OMEGA 3

OMEGA 6

OMEGA 9

特選OMEGA黃金比例
提供人體無法自行合成的
OMEGA3、OMEGA6，
及有益健康的OMEGA9

選好油 幫家人均衡一下

SQF
食品安全品質標準

- OMEGA3、6、9黃金比例
- 嚴選澳洲芥花油、英國葵花油、西班牙橄欖油
  三種進口好油調製

豪華禮大相送都在日日幸福！

只要填好讀者回函卡寄回本公司（直接投郵），您就有機會得到以下各項大獎。

獎項內容

1

THERMOS 膳魔師
新一代蘋果原味鍋雙耳湯鍋20cm
市價7,000元 / 共2名

2

THERMOS 膳魔師
不銹鋼真空燜燒提鍋3公升
市價6,950元 / 共2名

3

THERMOS 膳魔師
新一代蘋果原味鍋單柄湯鍋18cm
市價5,700元 / 共3名

4

Rakuten
樂天市場
超級點數 **5,000** 點

樂天
點數5,000點
市價5,000元 / 共3名

5

日本DOSHISHA/OTONA/DCFZ-17W/
冰沙機/果昔/蔬果調理機
市價2,705元 / 共3名

6

日本製柳宗理
18cm不銹鋼廚刀
市價2,270元 / 共3名

7

日本ＥＡトＣＯ
不銹鋼磨泥器＋夾子2入套組
市價1,837元 / 共5名

8

泰山
均衡369健康調合油
2公升×6瓶
市價1,434元 / 共3名

9

日本貝印Kai
不銹鋼廚房剪刀-DH-3005
市價1,070元 / 共5名

參加辦法

只要購買《Dear, MASA請你來喝湯！——一起來品嘗清甜的蔬菜湯、海鮮湯、味噌湯與醇厚鮮美的肉湯與濃湯吧！》，填妥書裡「讀者回函卡」（免貼郵票）於2018年2月28日前（郵戳為憑）寄回【日日幸福】，本公司將抽出共29位幸運的讀者，得獎名單將於2019年3月15日公布在：
日日幸福粉絲團：https://www.facebook.com/happinessalwaystw

◎以上獎項，台灣樂天市場股份有限公司、金寶湯亞洲有限公司、皇冠金屬工業股份有限公司（THERMOS膳魔師 & 德國BEKA）、泰山企業股份有限公司等等，大方熱情贊助。

10643

台北市大安區和平東路一段10號12樓之1

日日幸福事業有限公司　收

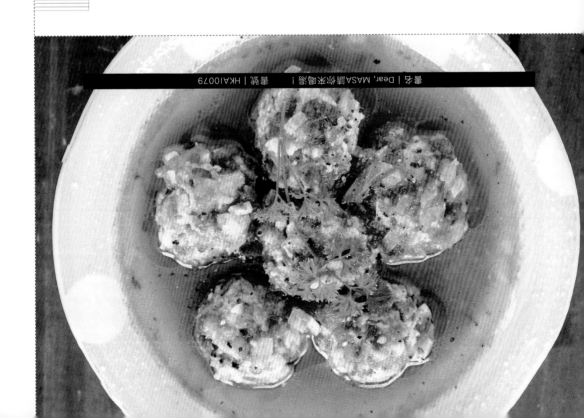

書名｜Dear, MASA讓你為愛做羹湯！　　書號｜HKA10079

感謝您購買本公司出版的書籍，您的建議就是本公司前進的原動力。請撥冗填寫此卡，我們將不定期提供您最新的出版訊息與優惠活動。

▶

姓名：＿＿＿＿＿＿＿　　**性別**：□ 男　□ 女　　**出生年月日**：民國＿＿年＿＿月＿＿日
E-mail：＿＿＿＿＿＿＿＿＿＿＿＿＿＿＿＿＿＿＿＿＿＿＿＿＿＿＿＿＿＿＿＿
地址：□□□□□＿＿＿＿＿＿＿＿＿＿＿＿＿＿＿＿＿＿＿＿＿＿＿＿＿＿＿
電話：＿＿＿＿＿＿＿＿　　**手機**：＿＿＿＿＿＿＿＿　　**傳真**：＿＿＿＿＿＿＿
職業：□ 學生　　　　　□ 生產、製造　　　□ 金融、商業　　　□ 傳播、廣告
　　　　□ 軍人、公務　　□ 教育、文化　　　□ 旅遊、運輸　　　□ 醫療、保健
　　　　□ 仲介、服務　　□ 自由、家管　　　□ 其他

▶

1. 您如何購買本書？□ 一般書店（　　　　　書店）　□ 網路書店（　　　　　書店）
　　□ 大賣場或量販店（　　　　　）　□ 郵購　□ 其他

2. 您從何處知道本書？□ 一般書店（　　　　　書店）　□ 網路書店（　　　　　書店）
　　□ 大賣場或量販店（　　　　　）　□ 報章雜誌　□ 廣播電視
　　□ 作者部落格或臉書　□ 朋友推薦　□ 其他

3. 您通常以何種方式購書（可複選）？□ 逛書店　□ 逛大賣場或量販店　□ 網路　□ 郵購
　　　　　　　　　　□ 信用卡傳真　□ 其他

4. 您購買本書的原因？　□ 喜歡作者　□ 對內容感興趣　□ 工作需要　□ 其他

5. 您對本書的內容？　□ 非常滿意　□ 滿意　□ 尚可　□ 待改進＿＿＿＿＿＿

6. 您對本書的版面編排？　□ 非常滿意　□ 滿意　□ 尚可　□ 待改進＿＿＿＿

7. 您對本書的印刷？　□ 非常滿意　□ 滿意　□ 尚可　□ 待改進＿＿＿＿＿＿

8. 您對本書的定價？　□ 非常滿意　□ 滿意　□ 尚可　□ 太貴

9. 您的閱讀習慣：(可複選)　□ 生活風格　□ 休閒旅遊　□ 健康醫療　□ 美容造型　□ 兩性
　　　　　　　　□ 文史哲　□ 藝術設計　□ 百科　□ 圖鑑　□ 其他

10. 您是否願意加入日日幸福的臉書（Facebook）？　□ 願意　□ 不願意　□ 沒有臉書

11. 您對本書或本公司的建議：＿＿＿＿＿＿＿＿＿＿＿＿＿＿＿＿＿＿＿＿＿＿＿
＿＿＿＿＿＿＿＿＿＿＿＿＿＿＿＿＿＿＿＿＿＿＿＿＿＿＿＿＿＿＿＿＿＿＿＿
＿＿＿＿＿＿＿＿＿＿＿＿＿＿＿＿＿＿＿＿＿＿＿＿＿＿＿＿＿＿＿＿＿＿＿＿
＿＿＿＿＿＿＿＿＿＿＿＿＿＿＿＿＿＿＿＿＿＿＿＿＿＿＿＿＿＿＿＿＿＿＿＿

註：本讀者回函卡傳真與影印皆無效，資料未填完整即喪失抽獎資格。